引黄灌区微灌砂石过滤理论与技术

◎ 翟国亮　张文正　蔡九茂　著

中国农业科学技术出版社

图书在版编目（CIP）数据

引黄灌区微灌砂石过滤理论与技术／翟国亮，张文正，蔡九茂著．--北京：
中国农业科学技术出版社，2022.7

ISBN 978-7-5116-5779-4

Ⅰ.①引…　Ⅱ.①翟…②张…③蔡…　Ⅲ.①砂过滤器　Ⅳ.①TU64

中国版本图书馆 CIP 数据核字（2022）第 095600 号

责任编辑	史咏竹
责任校对	马广洋
责任印制	姜义伟　王思文

出 版 者	中国农业科学技术出版社
	北京市中关村南大街 12 号　邮编：100081
电　　话	（010）82105169（编辑室）　　（010）82109702（发行部）
	（010）82109709（读者服务部）
网　　址	http://www.castp.cn
经 销 者	各地新华书店
印 刷 者	北京建宏印刷有限公司
开　　本	170 mm×240 mm　1/16
印　　张	15.75
字　　数	265 千字
版　　次	2022 年 7 月第 1 版　2022 年 7 月第 1 次印刷
定　　价	68.00 元

序

    微灌工程中常用的过滤器主要有砂石过滤器、筛网过滤器、叠片过滤器和离心过滤器等，其中砂石过滤具有结构简单、纳污容量大、反冲洗彻底、水质适应强等优点，被微灌行业公认为是过滤效果最佳的过滤方式，尤其是对于黄河高含沙水、池塘水和沼液水等杂质含量较高的水源过滤工程更是不可或缺的过滤设备。

    20 世纪 80 年代末，武汉水利电力大学董文楚教授专心致力于砂石过滤器研究，提出了砂石过滤器的主要技术参数确定方法，并生产出了我国首台微灌用不锈钢砂石过滤器，为我国砂石过滤器理论研究和产品开发奠定了基础。1993 年，笔者有幸师从董文楚教授，攻读微灌技术方向的硕士学位，其间对砂石过滤器研究和生产应用情况进行了调研，从此对砂石过滤器研究产生了浓厚的兴趣。

    2003 年，笔者开始把个人研究兴趣点放在砂石过滤器上，并着手筹建试验室。这一时期，龚时红研究员和仵峰研究员先后任中国农业科学院农田灌溉研究所灌水技术室主任，对实验室的建设均给予了大力支持。在他们的协调下，将农田灌溉研究所喷灌场的一个破旧泵房改建成实验室，从此开始了砂石过滤器专业化试验和研究工作。2005 年，笔者在职攻读西安理工大学博士学位，把砂石过滤器技术研究作为主攻方向。为了搜集更多的石英砂过滤资料，笔者专门拜访了西安建筑科技大学给排水过滤领域的国内知名专家，深入了解了石英砂过滤试验过程，取得了一些试验数据并发表了相关研究论文。其中，玻璃滤柱试验装置给笔者的印象最深，在其启发下，笔者设计并搭建出了模拟微灌系统首部过滤应用条件的玻璃滤柱试验台，试验台包括有机玻璃滤柱、管道系统、测压测流装置、清水池、浑水池等，同时，购置了一些仪器设备，如流量计、烘干机、浊度仪、温湿度计等。笔者利用该试验台开展了大量石英砂过滤和反冲洗试验，本书中相当一部分试验数据来源于此。2013 年，农田灌溉研究所进行重新规划，经过拆迁、整修和改装，建立了新的过滤实验室，该实验室隶属农田灌溉研究所节水设备研发中心，主要用于研究生试验和节水设备的开发与调试。

2006年，"十一五"国家高技术研究发展计划（"863"计划）重大项目"现代节水农业技术与装备"首次将微灌自洁净过滤器研发列入"地下滴灌系统产品"子课题，并给予课题组40万元资金支持。从此，课题组对砂石过滤器的研究进入了一个高峰时期，先后得到了多个国家级及省级项目支持，本书中的大部分内容来自该时期的试验研究成果。课题组在此期间获得的主要项目支持情况如下：2007年，"砂石滤料过滤研究"项目获得了中国农业科学院院所长基金的支持；2008年，"微灌系统全自动砂过滤器的中试与示范"项目获得了科学技术部成果转化专项支持；2008年，"基于微灌用水的地表水源泥沙处理技术"项目获得了科学技术部支撑计划的支持；2009年，"微灌过滤用石英砂滤料对固体颗粒的过滤与反冲洗试验"项目获得了国家自然科学基金的支持。在上述课题的支持下，课题组取得了诸多成果：发表了论文，申请了专利，编制了行业标准，研发了新产品，其中，全自动砂石过滤器的研制成果获得2008年度河南省科学技术进步奖二等奖。2012年国家自然科学基金项目结题以后，对于砂石过滤理论的研究先后得到过国家公益性（农业）专项、中国农业科学院创新工程、中国农业科学院基本科研业务费等项目的不间断经费支持，主要用于开展微灌过滤理论和过滤材料试验研究，先后培养了4位硕士和3位博士。

经过近20年不懈坚持和努力，相关研究成果在国内乃至国际微灌砂石过滤器研究领域居领先水平，据2021年检索结果显示，以"砂石过滤器""微灌""节水"为关键词检索出国内外高水平论文28篇，其中21篇为本课题组发表。课题组还先后多次获得过河南省科学技术进步奖，以及水利部大禹节水奖、农业节水奖等。另外，笔者参与起草了微灌过滤器行业标准，研发的新技术与新产品多次被水利部推广，多项过滤器专利成功转让。课题组研究成果受到康绍忠院士、黄修桥研究员、龚时红研究员、李光永教授、仵峰教授等节水行业专家的高度肯定。上述成就使得课题组在微灌过滤器研发方面具有较高的知名度和信誉度。

这些成就是众多参与人员及支持者共同努力的结果，在此书出版之际，对这些参与研究的人员表示由衷感谢。主要参与试验研究的农田灌溉研究所职工、研究生及科研辅助人员有冯俊杰、邓忠、刘杨、张丽、张文正、李景海、蔡九茂、李迎、赵红书、刘文娟、赵鹏飞、侯贵军、赵金和等。另外，西安理工大学陈刚教授、李国栋教授、王全九教授，河南科技大学张彦斌教授，武汉大学罗金耀教授，中国农业大学李光永教授，新乡自来水公司赵武工程师，宁夏新泽绿节水灌溉设备有限公司赵友来总经理等对试验工作给予了大力支持。本书由张文正负责统稿并联系出版事宜，并得到了中国农业科学院现代灌区团队吕谋超首席的支持和资助，在此表示感谢。

　　本书为课题组长期在微灌砂石过滤研究方面取得的成果，研究中的水源与过滤杂质均取自人民胜利渠引黄灌区，经斟酌，本书定名为《引黄灌区微灌砂石过滤理论与技术》。受个人编写水平限制，书中难免出现不足之处，敬请读者朋友批评指正！

翟国亮于河南新乡

2022 年 6 月

前　言

　　引黄灌区是农业生产的重要基地，引黄灌溉对农业的发展起着重要的作用。在黄河流域推广节水灌溉技术，能够显著提高水资源利用率，然而黄河水携带着大量的泥沙，危害灌溉系统的安全运行。过滤器是微灌系统的关键设备之一，能够过滤水中泥沙等杂质，随着我国微灌技术的发展及各种水质在微灌上应用，对过滤技术提出了越来越高的要求，深入开展过滤器技术理论研究势在必行。微灌过滤技术在我国还没有形成一套完整的理论体系，国外也没有更多的技术资料可供借鉴，创建微灌过滤技术理论体系，完善制定过滤器的标准或规范，已经成为我国微灌发展必须解决的技术难题。本书作者自"十五"以来一直从事微灌过滤器的研究工作，并创建了专业微灌过滤器实验室，完成了石英砂滤料对泥沙颗粒过滤试验的总结及分析，为微灌过滤技术理论体系的创立提供了试验资料。

　　针对微灌灌水器堵塞问题开展了"三级流道滴灌带的堵塞对水力性能影响"和"不同过滤条件下堵塞滴灌带的泥沙颗粒分布规律"试验，证明改进滴灌带流道结构能够提高抗堵塞性能的可行性，并得出较大粒径泥沙颗粒在滴灌带中间段沉积的结论。运用方差估计理论推导出了均匀度系数 C_u 和 C_v 之间的关系式。评述了微灌堵塞水质评价方法，分析了微灌过滤机理，并对过滤器基本参数进行了定义。

　　以水质浊度作为滤后水或反冲洗排污水指标，开展了 20# 石英砂滤料对泥沙颗粒过滤试验，得出了过滤时不同过滤速度、滤层厚度、原水颗粒质量分数对滤后水水质浊度的影响规律，并引入滤除比率参数对上述规律进行描述。开展了反冲洗排污水浊度随时间的变化规律试验，引入浊度累加值比率分析排污水浊度随时间的变化规律。

　　分别以颗粒粒径分布、颗粒含量为指标，试验研究了非均质滤料的滤层厚度、过滤速度、原水颗粒质量分数、反冲洗速度等参数对滤后水的水质影响效应，以及对排污水指标随时间变化规律的影响。根据粒度分布试验结果，提出了过滤速度对滤后水颗粒粒度分布影响不显著和滤层厚度小于30cm 是不合理的论点；根据颗粒含量试验结果，得出了滤层厚度影响效果最大，过滤速度次之，原水颗粒质量分数影响较小的结论；从反冲洗排污水颗粒含量影响效应上分析，反冲洗 5~6min 后排污水颗粒含量基本处于稳定状态，滤层厚度对排污水颗粒含量影响是有限的。

基于毛细管过滤理论基础推导出滤层水头损失随时间变化的关系式，通过滤层内部水头损失试验，得出了不同滤层深度水头损失的分布规律图。滤层存在表层过滤现象，即滤层水头损失主要分布在滤层的表层，表层以下单位厚度滤料的水头损失值明显较小，且不同深度水头损失值差别不大。开展了不同反冲洗速度时滤层膨胀高度试验，引入膨胀率概念，找出了反冲洗速度和滤层厚度对膨胀高度的影响规律。

开展了均质石英砂过滤试验，分别对滤层厚度、过滤速度、滤料粒径、颗粒质量分数 4 个因素 5 个水平进行了正交试验，重点对滤后水浊度滤除比率、平均 D98、滤层水头损失、滤层膨胀高度等指标进行了研究，得出了滤料粒径、滤层厚度对浊度滤除比率和 D98 的影响显著，过滤速度、颗粒含量对 D98 的影响可以忽略，影响滤层水头损失主次顺序为滤料粒径、滤层厚度、过滤速度，滤层厚度、滤料粒径、反冲洗水流速度对滤层膨胀高度影响均到达显著性水平等结论，并回归出了膨胀高度与滤层厚度、滤料粒径关系式。

为了更好地揭示过滤和反冲洗机理，尝试采用 CFD 方法对过滤和反冲洗过程中滤层内的流场进行模拟，研究滤层对过滤水流的影响以及反冲洗水流下滤料的运动状态。计算了必需的参数，如孔隙尺寸、滤层孔隙率、黏性阻力系数和惯性阻力系数等。发现单个孔隙的尺寸与石英砂颗粒的粒径紧密相关，粒径越大孔隙面积越大。基于多孔介质流体动力学理论，对数值模拟所得压力场分析发现：滤层上端的压力值较大，越靠近底部压力值越小，同一水平高度的滤层压力值并非常数。石英砂与水的交界面处，压力值近似看作常数，当所分析的滤层高度降低，压力分布发生了变化，边线上的压力值大于中心线上的压力值。当过滤速度大于等于 0.025m/s 时，数值模拟所得边线上压力值与测压管测得值吻合程度较好，数值计算的分层压降值误差在 6%以内，整个滤层压降值最大为 14%。

　　基于固—液两相流理论实现石英砂滤层反冲洗过程的数值模拟，发现对于同种粒径的滤料，随着反冲洗速度的增加，各层滤料的浓度变得稀疏，反映了滤层相应的膨胀状况，根据守恒原理得到了滤层的膨胀高度。通过分析膨胀高度与反冲洗速度、滤层厚度以及滤料粒径的关系，发现膨胀高度与反冲洗速度线性相关，膨胀高度和膨胀率随着反冲洗速度的增加而增加；滤层厚度越大，膨胀高度越大，但是其膨胀率越小；其他条件相同时，滤料粒径越小，膨胀高度和膨胀率越大。将各种工况下模拟值与浑水颗粒质量分数为 0.3‰工况下的实验值对比，吻合良好。

　　本书撰写人员及撰写分工如下：全书共分 10 章，前言、第 1 章至第 4 章由翟国亮撰写，第 5 章至第 8 章由张文正撰写，第 9 章和第 10 章由蔡九茂撰写。

　　本书的出版得到了有关专家和领导的大力支持和帮助，并参考了国内外相关文献，在此表示衷心的感谢！

作　者
2022 年 3 月

目　　录

1 绪 论

1.1 概 述

黄河流域水资源孕育了许多灌区，引黄灌区是农业生产重要基地，引黄灌溉对农业的发展起着重要的作用。黄河流域存在生态环境脆弱、水资源保障形势严峻、发展质量有待提高等问题，推进水资源节约集约利用，对于黄河流域生态保护与高质量发展具有重要意义。在黄河流域推广节水灌溉技术，能够提高水资源利用率。然而，在引用黄河水灌溉时，会携带泥沙进入到管网，危害灌溉系统的安全运行。微灌技术是20世纪60年代蓬勃发展起来的一种节水灌溉方式，与传统的渠道灌溉相比较具有节水、增产和易于控制的特点[1]。采用传统灌溉方式灌溉1hm²农田的用水量，采用微灌后可以灌溉3~5hm²，可以大大缓解水资源危机[2]。利用微灌技术的可控性及特有的施肥功能，可以提高作物产量和改善农产品质量，有利于提高农民的收入[3-4]。采用微灌技术是通过用管道连接成管网把水分直接输送到作物根区土壤，通过对管网实施有效的控制，可以方便地实现对灌水量、灌水时间和灌水周期自动控制[5]。使用微灌技术可以克服田间地形平整度的限制，有利于开发更多的山丘旱地为可灌溉农田。另外，在一些经济发达、劳动力成本较高的地区，微灌技术还具有节省灌溉用劳动力数量和降低劳动强度等功效[6]。

以色列是国际上公认的微灌技术先进国家[6]，在20世纪末其微灌面积占灌溉总面积的比例超过了40%，世界上最先进的微灌设备也大多出自以色列的公司。此外在美国[7]、荷兰[9]、印度[10]等国较干旱地区微灌推广面积也是很大的，并且还在逐年递增。我国微灌发展是从20世纪70年代开始，到21世纪初进入高速发展阶段，2000年时全国微灌面积为35万hm²，到了2010年达到了 140 万 hm²，毫不夸张地说，它是我国传统农业灌溉发展中的一场大革命。与此同时在我国新疆等地区已形成了一个庞大的微灌设备产业链条，年产值在数百亿元，对我国 GDP 增长、农村人口就业和发展"三农"经济等都起到积极推动作用。

我国是一个严重缺水的国家，发展微灌技术符合目前党和政府制定的创建节约型社会和现代化新农村建设的方针与政策。"十二五"期间科技部①已经将我国北方大田粮食作物的微灌技术研究列入国家科技发展计划，微灌作物涵盖了玉米、小麦和水稻等。这些有利条件势必会极大地促进微灌面积的快速增加和微灌产业的迅猛发展，因此未来微灌技术仍将以极高的速度向前发展。

1.2　微灌系统的堵塞

1.2.1　微灌系统堵塞因素

微灌系统一般包括水源工程设施、首部设备、输配水管网、灌水器和辅助设施等。众所周知，微灌技术从开始应用，始终伴随堵塞的问题而存在，它也是微灌最大的缺点之一[10]。从直观上看堵塞的根本原因是由于微灌系统末级管道和灌水器流道的尺寸较小，灌溉水中杂质颗粒无法顺畅通过造成的。从机理上分析堵塞的影响因素相当复杂，许多学者对堵塞因素进行了分析归类，普遍认为堵塞因素包括物理堵塞、化学堵塞和生物堵塞[11-13]。

物理堵塞是指来自水源中固体悬浮物对微灌系统造成的堵塞，堵塞物包括有机物、无机物两类。最常见无机物堵塞是井水中的砂粒，或者来自水库底部、水渠及江河等地表水中的泥粒、粉砂或者黏土颗粒。有机堵塞物主要是水中生长的有机生物体，如浮游生物、藻类、植物体、蜗牛和鱼等。此外，还有一些无法通过过滤系统控制的堵塞，也是物理堵塞，例如，植物根系对地下滴灌灌水器的入侵，地下滴灌灌水器的负压吸附堵塞，昆虫或小动物在地面上布设的微喷头和滴头流道内寄居等。

---

① 中华人民共和国科学技术部，全书简称科技部。

化学堵塞是指溶解在水中的物质在水流进入管网系统后，发生沉淀、结晶或聚合反应，从而导致微灌系统堵塞，最常见的化学堵塞有钙离子沉淀物、金属氧化物颗粒堆积、锰的沉淀物等[14]，另外，当微灌系统用于施肥或添加化学试剂时，肥料中沉淀物和化学药剂的结晶物质产生的堵塞也属于化学堵塞，如磷肥的残渣、石膏的沉淀等。灌溉水质的 pH 值大小往往是产生化学堵塞的关键要素。

生物堵塞是指细菌、动物受精卵或植物种子在灌溉管网和灌水器内部进行生长和繁殖，随着生物体的逐渐生长变大，从而堵塞在微灌系统末级管道和灌水器的流道内部[15]。最常见的生物堵塞除了能形成细菌黏液的硫细菌、铁细菌外，还包括群体原生动物、真菌、蜗牛和贝壳等[16-17]。

一些微灌工程专家和技术人员在工程实际应用过程中，总结出了堵塞因素、因素的限定值及常规处理办法，详见表1-1。从表1-1中看出大粒径固体颗粒排在堵塞首位，悬浮颗粒含量则排在第二位。

表 1-1　微灌堵塞因素、处理方法和易于堵塞灌水器的限定值

堵塞因素	因素类别	限定值	其他要素	处理方法
固体颗粒粒径	物理	150μm		过滤
悬浮固体	物理	100mg/L	有机物粒径大小	泵水、沉淀和过滤
砂	物理	>2mg/L		泵水、沉淀和过滤
粉砂土	物理	50mg/L	有机物氯化处理	泵水、沉淀和过滤
黏土	物理	50mg/L	有机物氯化处理	沉淀和过滤
碳酸钙	化学	300mg/L	pH 值	软化和 pH 值校正
铁	化学	0.2mg/L	pH 值，氧化水平	氧化和去铁
锰	化学	0.1mg/L	pH 值，氧化水平	氧化和去锰
硫化物	化学	0.1mg/L	消毒	氧化与消毒
藻类叶绿素	物理	0.08mg/L	藻类大小和种类	水源过滤和氯化处理
浮游生物 水蚤类生物	物理	>2 项/Lt		水源处理
轮虫		>2 项/Lt		过滤
溶解氧	化学	0.5mg/L (低限值)	有机物在管道内时间	泵取水点水源处理

（续表）

堵塞因素	因素类别	限定值	其他要素	处理方法
pH 值	化学	5<pH 值<9（推荐值）		pH 值调整到需要水平
磷	化学	10mg/L	pH 值，钙的颗粒质量分数	水源处理（施肥或污水）
Hetrotropic 细菌	生物	尽量小，减小发育可能性	有机物和污水	水源处理—净化
硫黄细菌	生物	避免生长	存在硫化物	清除硫化物和净化
铁和锰细菌	生物	避免生长	减少铁和锰的存在	铁和锰清除和净化
Col. Protozoa 原生动物	生物	避免生长	有机物和流速	正常的净化
Briozoa	生物	避免生长	有机物和流速	净化和过滤
蜗牛和贝类	生物	避免生长		水源装过滤器，硫化铜处理水源
耗氧污水		60mg/L	污水灌溉	污水处理、过滤和氯化处理

1.2.2 微灌系统堵塞过程分析

为了分析堵塞的过程，现按照堵塞的特点把其划分为"渐进堵塞"和"直接堵塞"两种[18]。渐进堵塞是指较小的杂质颗粒在流道内逐渐沉积，随着时间的推移沉积物由薄到厚、由少到多，使过流断面逐渐变窄的堵塞现象。直接堵塞则是较大的杂质颗粒，由于不能顺畅通过较小尺寸的末级管道或灌水器的流道，直接停留在流道内使灌水器不能正常工作的堵塞。

常见的渐进堵塞有无机固体颗粒的沉积，它是指较细小的颗粒（100μm 以下）进入末级输水管道或灌水器流道后，受流速变慢、自身重力等因素作用沉积到流道壁面上产生的堵塞。这种堵塞的过程是：当沉积初次发生时，流道壁面较光滑时，沉积的颗粒可能被后续的水流带走，当壁面较粗糙时就会停止下来。当沉积发生后，后来的杂质颗粒受前面已经沉积的颗粒阻拦，一部分会停留下来，另一部分被水带走，带走的那部分杂质颗粒随着下游流速的变缓又形成新的沉积，并且为前面沉积颗粒提供支撑作用，随着时间推移，杂质颗粒越积越多，流道断面不断被缩小，堵塞长度逐渐增加，直至全部堵塞。泥沙含量高的水源或含细沙的井水容易产生此类堵塞。钙离子沉淀也是常见的渐进堵塞，研究表明碳酸钙沉淀主要是受水温的影响，当管网在地表铺设时受阳光照射和空气高温的作用使管内水温升高，于是钙离子溶解度降低产生碳酸钙沉淀。也有专家认为碳酸钙沉淀主要是在微灌系统停止工作期间，微灌系统内部残留的水随温度升高产生的沉淀[19]。离子沉淀造成的堵塞一般速度较缓慢，产生的直接后果不严重，但是它的间接作用危害很大，沉淀物使灌水器流道壁变得粗糙，其他杂质颗粒路过时容易沉积下来。氧化铁的沉淀与碳酸钙类似，不同的是氧化铁与铁瘤菌的活动有关，铁瘤菌繁殖迅速并且产生大量的代谢产物堵塞灌水器，它是常见的细菌堵塞之一。水源中铁离子含量较大时应注意防止氧化铁的堵塞问题。

直接堵塞是一种机械性堵塞，一般来说单个杂质颗粒的尺寸大于或略小于灌水器的流道尺寸，大的杂质直接堵在灌水器流道的入口使灌水器不能工作，小于流道尺寸的杂质可能会进入流道内，在流道转弯或有拐角处停留阻塞灌水器水流通道，此时灌水器出水量大幅减少，同样不能正常工作。直接堵塞也是最常见的物理堵塞，一般情况是由于微灌工程施工不当、运行管理不善或过滤设备故障，使杂质颗粒进入管网内部造成的。悬浮颗粒堵塞是直接堵塞的主要因素，固体悬浮颗粒可分为刚性颗粒和柔性颗粒，刚性颗粒一般是指泥沙、砾石、粉煤灰等有形颗粒，柔性颗粒主要是指黏性颗粒、微生物团粒、生物代谢分泌物和油渍等无固定形状的颗粒。柔性颗粒的特点，一是形状不规则，有球状、丝状、带状和棒状等，并且其形状在不断变化着；二是具有黏性，在水中运动过程中容易相互黏接、缠绕和聚合，它们还能吸附一些较小颗粒，从而形成较大尺寸的杂质颗粒。这些柔性颗粒一般比重较小，容易被水流夹带走。但是当某一个颗粒黏附在流道的壁面上时，它会黏结其他路过的杂质颗粒，进而逐渐堵塞流道。微生物和有机物含量高的水源容易产生此类堵塞。

综上分析，微灌系统的堵塞主要包括了离子沉淀、刚性颗粒沉积、柔性颗粒沉积和直接堵塞等几种形式，其中离子沉淀是化学堵塞，悬浮颗粒堵塞和直接堵塞是物理堵塞，柔性颗粒沉积堵塞则包含了生物、化学和物理多方面的因素。较容易解决的堵塞是较大的杂质颗粒直接堵塞，只要设计合理、施工方法得当，过滤器质量优良就能避免堵塞发生。其次是离子沉淀，它虽然是无法克服的堵塞，但它产生的危害有限，没有必要下大功夫去解决它。而固体颗粒和柔性颗粒的沉积堵塞才是微灌最需要也是最难解决的堵塞要素。实践已经证明采用化学处理方法是不经济和不适宜的,加强过滤处理确保微灌系统在使用期内不被堵塞则是解决堵塞的基本原则。

1.2.3 灌水器堵塞要素与均匀度系数

微灌的堵塞主要发生在灌水器上,因为在微灌系统中灌水器流道尺寸是最小的[20]。常见的灌水器有滴灌带、滴灌管、滴头、微喷头等,这些灌水器又分成各种类型和规格,它们对堵塞的敏感程度也不相同,最大影响因素是灌水器流道结构尺寸。为了提高灌水器抗堵性能,国际上一些著名微灌生产商开发出大流道灌水器,如以色列的 Netafim 公司设计出流道宽度为 1.18mm 的迷宫结构滴头,NAAN 公司设计出圆柱结构的灌水器采用紊流流道,流道尺寸放大到 1.0cm 以上,明显提高了灌水器的抗堵性能。"十五"以来我国的微灌专家针对灌水器堵塞问题也开展了研究,李光永课题组曾系统地开展了灌水器流道结构尺寸的研究[21],提出了流道的深度和宽度比例参考数据;魏正英、李治勤等采用示踪粒子显像技术研究了流道内部颗粒的堵塞过程[22-23],提出了抗堵灌水器流道结构参数;翟国亮课题组研制了三级配水流道结构的滴灌带[24],利用贯通流道的互补作用在一定程度上可弥补堵塞带来的配水量不均。我国新疆地区单翼迷宫式滴灌带年销售量在 150 亿 m 以上,生产厂家也有近百家。2005 年有关部门制定了国家标准《塑料节水灌溉器材单翼迷宫式滴灌带》(GB/T 19812.1—2005)[25]。该标准对滴灌带常见的抗堵塞性能做了具体技术指标规定,新疆维吾尔自治区产品质量监督检验研究院开展了此项目的检测工作,从检测的数据来看,还存在着浑水不均衡、水温变化影响和检测装置配水间断等影响测定结果的因素,这说明判断灌水器是否具有抗堵性不是一个简单问题。2009 年,翟国亮对泥沙颗粒在单翼迷宫式滴灌带内部沉积规律研究,得出了颗粒粒径较小时容易沉积在进口段和末尾段,颗粒粒径较大时常在中间偏上段沉积的结论。

事实上灌水器堵塞直接危害是灌水器出水量不均匀,进而带来整个系统灌水均匀度的下降。当均匀度下降较少时,可以靠延长灌水时间增加灌水量来弥补部分作物灌水量分配不足的问题,当灌水均匀度下降到一定的程度时,即超出微灌技术规范要求时就会造成农作物因受水不均衡导致大幅减产现象,这时微灌工程就要报废。因此对灌水均匀度参数的研究也是微灌研究的一个重要命题。常见反映灌水均匀度的指标有 Keller 均匀系数（EU）、Christiansen 均匀系数（c）、流量偏差系数 C_v、流量偏差率（q_v）等[26]，这些参数间存在着一定函数关系，这些函数关系广泛应用于微灌系统的设计与质量评价。影响微灌系统均匀度的因素有很多，除了滴头制造偏差、水力偏差、田面粗糙度、每株植株的滴头数外，灌水器堵塞也是重要的影响因素之一。

1.3 微灌系统的过滤器

从我国引进微灌技术开始，微灌用过滤器经历了从引进到试验分析、再到自主开发、最终形成大规模产业化的发展过程[27]，目前形成了不同形式、多种系列的过滤器产品大家族。本部分回顾了微灌过滤器发展的历史，分析了不同型式的过滤器的防堵塞机理。

1.3.1 微灌过滤器研发历史回顾

自 1974 年我国首次由墨西哥引进滴灌技术开始，微灌过滤器就成为我国微灌科技人员研究与开发的目标。早期主要是滴灌设备生产厂家为了给滴灌系统配套，开发出了最简易金属外壳筛网过滤器，主要生产开发单位包括：河北遵化塑料厂、沈阳大东塑料厂（后更名为沈阳塑料七厂）等，参与研发的科研单位主要有北京市水科学技术研究院、中国农业科学院农田灌溉研究所、武汉水电大学、山西省水利水电科学研究所、辽宁省水利水电科学研究院等。此期间是我国微灌发展的第一个高潮期，但过滤器的研发并没有引起足够的关注。

20 世纪 80 年代中期，微灌技术发展遇到了第一次挫折，主要的问题是对微灌堵塞认识不够，再加上管理技术的落后，兴建的一些微灌工程没有发挥作用就因为堵塞被废弃掉，于是人们开始怀疑微灌技术是否可行并排斥微灌发展，因此微灌发展进入了低谷期。此时人们开始认识到过滤器的重要性，开始研究微灌过滤技术。1988 年，由水利部①立项开展砂石过滤器和筛网过滤器的专项研究，并

---

① 中华人民共和国水利部，全书简称水利部。

且还开展了微灌堵塞水质分析等研究课题。1991年在西安召开了第一届全国微灌会议，会议布置了国产微灌设备展示，参展的过滤器产品主要有河北遵化的筛网过滤器，武汉水电大学的不锈钢双网过滤器，其他厂家的过滤器产品较少见。会议针对微灌过滤器的应用情况进行了专题探讨，指出了过滤器设备制造水平低、品种单一和规格不全等问题，提出了引进国外新技术的要求。

到20世纪90年代，灌溉水资源危机使微灌的发展速度开始加快，原中国灌排公司从国外直接引进滴灌带生产线，同时也引入了小流量的塑料过滤器生产技术等。随后又有山东、河北等地的多家企业争相引进国外先进的微灌设备生产技术，原山东莱芜塑料制品总厂自主开发了全塑大流量筛网过滤器。后来原中国灌排公司组建了我国第一个专门生产微灌过滤器的企业——北京通捷公司。该公司通过引进国外技术，开发出了包括砂石过滤器、旋流水沙分离器和筛网过滤器等系列产品，尤其是在砂石过滤器和旋流水沙分离器方面至今还影响着国内市场产品的开发。与此同时，武汉云水公司开发出了砂石过滤器等，目前我国大多数过滤器产品的开发是在上述两家公司产品的基础上进行的。

进入21世纪以后，我国的微灌技术进入飞速发展时期，微灌技术在新疆地区的发展速度更是达到了惊人程度，过滤器产业同样得到了迅猛发展，目前仅新疆地区上规模的微灌过滤器生产厂家就有数十家，较大规模的有天露公司、库尔勒红光糖厂、阿克苏新农通公司、新疆水利水电科学研究院节水设备研发中心等，小规模的过滤器生产厂家更是无法计数，市场产品覆盖了砂石过滤器、旋流水沙分离器、叠片过滤器和筛网过滤器等所有类型产品[28]，另外针对新疆地区微灌具体情况还开发出了专用的以过滤器为主体结构的移动滴灌首部等。近年来自洁净过滤器或称全自动自清洗过滤器产品也越来越受到用户的欢迎，市场需求正在快速增长中。据估计到2010年年底我国过滤器市场的年销售量在1.5万台套左右，产值约2亿元。全国过滤器保有量在15万台套，总过滤流量600万 m^3/h。

对微灌过滤器的研究方面，也取得了长足进步。国外主要是一些著名企业重点开发高端自清洗过滤器研究，相关的研究资料较少。国内一些知名企业如大禹、天业、天露、新疆水利水电科学研究院等也开始研发高端的叠片过滤器、自清洗过滤器等。中国农业科学院农田灌溉研究所一直致力于石英砂过滤技术研究[29-31]与全自动砂石过滤器的开发[32]；刘焕芳、郑铁刚、刘飞等重点对自清洗网式过滤器开展了深入研究，取得了很多可喜成果[33-37]。肖新棉等对叠片过滤器的水力性能开展了研究[38]，刘建华等对旋流式水沙分离器的水流流场进行CFD数字模拟[39]，孙新忠等对离心筛网一体化的过滤器组合进行了测试分析[40]。此外，徐群[41]、刘斌等[42]、张伟等[43]、秦永果[44]针对过滤器的设计、选型、应用管理等问题发表了自己的观点。总的来说对微灌过滤器的研究已经开始引起人们的关注。

1.3.2 过滤器防止堵塞机理分析

过滤通常是指两项或多项流体中悬浮物进入一组设备后被分离的过程。灌溉系统的过滤是指用于灌溉的水通过过滤器将水中所含的杂质颗粒拦截在过滤介质上游或离心分离出去使灌溉水更加清洁的过程。为了防止微灌系统被灌溉水中的杂质堵塞，微灌系统的首部必须要安装过滤器。目前微灌工程上常用的过滤器包括筛网过滤器、砂石过滤器、叠片过滤器和旋流水沙分离器几种类型，其中砂石过滤器所占的市场份额达到70%以上。多数情况下微灌过滤系统是由两种以上的过滤器组合构成。下面是不同类型过滤器的过滤机理分析。

1.3.2.1 筛网过滤器

微灌的发展和过滤技术是紧密相连的，发展微灌必须解决堵塞问题，过滤装置是微灌系统必不可缺的。起初的过滤设备只是最简单的筛网构件，过滤的机理就是机械筛分作用，既将大于某一尺寸杂质筛除掉，而较小尺寸的颗粒可以进入系统，过滤材料主要是不同材料织成的不同目数的筛网，后来就逐渐形成了筛网过滤器，详见图1-1。为了解决过滤器滤网的规格选择问题，人们试验研究了灌水器流道尺寸和杂质颗粒直径之间的比例（孔径比）与堵塞的关系，得出了孔径比大于6时不易堵塞的概念。1991年我国学者张国祥等[45]通过砂粒堵孔试验，否定了用灌水器流道最小尺寸的1/6来选择滤网网孔尺寸的结论。美国和加拿大等国以孔径比7~10作为滤网选择的指标。事实上孔径比为1/10也照样存在堵塞的可能，因为当有一粒固体颗粒沉积在流道内时，灌水器的流道尺寸就缩小了10%，于是颗粒尺寸与流道尺寸比变成了1/9，依次类推当颗粒堆积超过4层时孔径比小于6，于是不能满足抗堵要求。在实际应用中孔径比的增加，会相应地加大过滤水头损失、清洗难度和清洗频率。筛网过滤器的清洗机理也很简单，包括人工清洗和机械自动清洗两种，机械自动清洗是采用专门的自清洗机构，靠压力差产生反向水流来清除掉沉积在滤网上的杂质颗粒[46-47]。筛网过滤器具有过滤流量大价格便宜的优点，对固体杂质颗粒过滤效果好，对柔性颗粒过滤效果较差，所以当水质不是很洁净的情况下它不能作为主过滤器。实践发现，微灌的堵塞不仅与杂质颗粒的尺寸有关，也与它的种类和颗粒质量分数有关，因此仅采用筛网过滤器解决微灌堵塞是不可靠的，于是人们开始引入其他介质过滤器，砂过滤器就是工程上较早应用的主过滤之一。

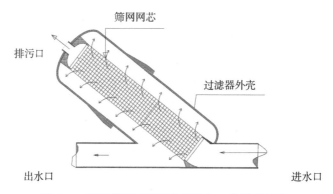

图 1-1　手动筛网过滤器的结构与工作原理示意

1.3.2.2　砂石过滤器的过滤机理分析

　　早在 1829 年，英国伦敦的 Chesea 供水公司就已经将石英砂用于水处理[48]，此后不久这一技术很快在世界各地得到广泛推广。砂过滤用于微灌系统最早是由澳大利亚的科学家开始的[49]，与当年的水处理情况类似，它同样很快就成为微灌工程的主流过滤装置，而原来的筛网过滤器或旋流式过滤器逐渐被其所替代。砂石过滤器的过滤材料是石英砂或花岗岩砂粒[50]，这些砂石颗粒堆积形成多孔介质滤层，靠这些孔隙的筛分功能和截留作用滤除水中的杂质颗粒。砂石滤料的筛分作用是靠滤料颗粒形成细小的过流孔隙，阻挡较大直径的杂质颗粒通过滤层，从而把容易堵塞灌水器的杂质颗粒去处掉，与筛网过滤器比较它是曲折流道立体孔隙过滤介质，其水流流道与迷宫式灌水器流道有相似之处，其对不规则的丝状、带状和棒状等柔性颗粒的截留功能是筛网过滤器无法比拟的。砂滤料的截留作用是一个复杂的物理化学过程,它是水处理研究的热点课题之一。

水处理行业对砂过滤研究已经有百年以上的历史,在 20 世纪 60 年代以前研究重点是滤料粒径、悬浮颗粒粒径、滤层厚度和过滤速度等物理要素对过滤效果影响,以后的研究重点在水质的化学特性、水中悬浮颗粒与滤料的表面性质等,如原水的 pH 值、离子种类、固体表面电位和表面力等因素的影响。它把过滤机理分为两个过程:杂质颗粒向滤料表面迁移的过程和杂质颗粒被滤料表面附着的过程。研究发现在杂质颗粒迁移的过程中受到的作用力包括了拦截作用、沉淀作用、惯性作用、扩散作用和水动力作用等,并且这些作用力相互关联。附着过程是指杂质颗粒迁移到滤料表面时,与滤料颗粒相互黏接的过程,这就是颗粒的附着机理,其作用力可能是物理化学和范德华分子力的共同作用。与之比较,微灌过滤的研究在我国还属于起步阶段,可以借鉴上述研究的经验与方法。

砂滤层的清洗过程通常是依靠反向水流或气流的冲击力使滤料膨胀上升,靠水流、气流的剪切力、冲刷力作用使滤料颗粒产生运动并且相互间发生碰撞摩擦,使沉积在滤层内的杂质颗粒与滤料颗粒脱落进而排除杂质的过程。图 1-2 是砂石过滤器及其工作原理示意图。

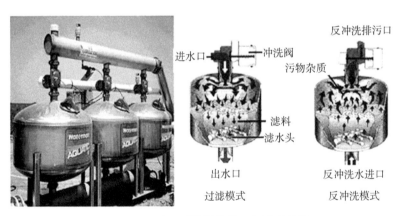

图 1-2 砂石过滤器及其工作原理示意

1.3.2.3 叠片过滤器

叠片过滤器是第二次世界大战期间为满足空中堡垒 B-17 轰炸机液压油过滤

的需要，英国人为波音公司发明的，并取得了专利。它的过滤介质是由许多环状带沟槽的金属或塑料片叠加起来的[51]，构成带有许多孔隙的圆筒状的滤芯，早期的叠片单元是由不锈钢和铜制成，后来逐渐被塑料材料所替代。近年来，叠片过滤器已经开始大规模运用于微灌工程中。叠片过滤器的过滤过程与砂石过滤类似，它同样具有筛分作用和截留功能，过滤时较大的杂质颗粒被拦截在滤芯的外面，较小的杂质颗粒能够进入沟槽状流道，它的截留作用是指杂质颗粒在塑料片沟槽内被阻拦的功能。叠片过滤器的反冲洗过程较为复杂，它要求首先松开滤芯的压盖，使组成滤芯的叠加在一起的每个塑料片散开，然后使用反向水流对每个片的沟槽进行清洗，塑料片冲刷干净后再将这些塑料片排列整齐并压紧。图1-3是叠片过滤器及其工作原理示意图。

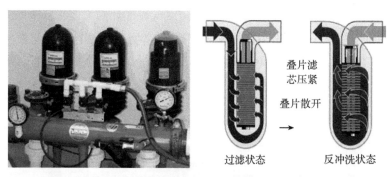

图1-3　叠片过滤器

1.3.2.4　旋流式水沙分离器

旋流式水沙分离器也称离心过滤器，它是微灌上常用的除沙专用过滤设备，其原理是水流进入过滤器内部后产生旋转，靠离心力的作用把比重较大的沙子分离出去[52]。它常用于含沙量较大的水源。由于其滤除的杂质颗粒较为单一，在微灌上其只能和砂石过滤器、筛网过滤器或叠片过滤器配合使用。图1-4和图1-5是旋流式水沙分离器及其工作原理示意图。

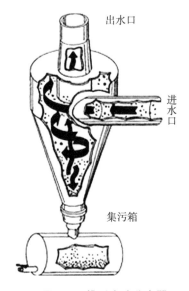

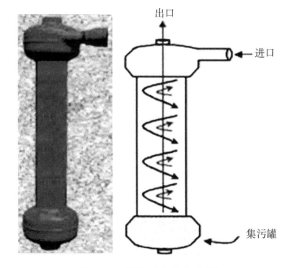

图 1-4 锥形水沙分离器　　　　　图 1-5 圆柱形水沙分离器

1.4 微灌用过滤器存在的问题

1.4.1 基本性能参数不明确

砂过滤设备是微灌系统最常用的预防堵塞的设施之一，它的作用就是不允许容易产生灌水器堵塞的杂质颗粒进入微灌系统，它的滤层如同一道关卡，让清洁水通过，阻止大于允许粒径的杂质颗粒通过。所以杂质颗粒的允许粒径是过滤器最基本的过滤精度指标。一般情况下这一指标是根据灌水器流道尺寸大小来确定，例如灌水器的流道断面尺寸为 1 000μm，按照前面提到的 1/10 的理论推断，允许进入微灌系统的杂质颗粒粒径应是 100μm，100μm 就是选择过滤器的精度参数。然而，目前来说这一基本参数往往只是生产厂家的口头指标，由于缺少相应的行业和国家标准检测部门无法进行检定。

截至 2010 年年底，我国颁布的微灌过滤器行业标准为《微灌用筛网过滤器》（SL/T 68—94）[53]，另有 3 个关于微灌过滤器的国家标准：《农业灌溉装备过滤

13

器基本要素》（GB/T 18690.1—2002）[54]、《农业灌溉装备过滤器网式过滤器》（GB/T 18690.2—2002）[56]、《农业灌溉装备过滤器自清洗网式过滤器》（GB/T 18690.3—2002）[57]。可以看出上述标准主要针对筛网过滤器产品，并且标准中明确表述"未涉及过滤器的过滤性能、效率和能力"，网络搜索显示国际上也没有国家制订出涉及过滤器的过滤性能、效率和能力的标准。在实际微灌工程中，由于缺少相应标准和标准的不完善，造成了过滤器参数的混乱与模糊，它将严重影响过滤器产业的健康发展。

之所以没有制定出切实可行的标准或规范，究其原因：一是基础性试验研究较少，影响过滤效果的因素不清晰，如过滤速度、杂质颗粒质量分数、滤层厚度等参数的影响效应大小不明确；二是缺少快速精确的颗粒分析设备，无法及时准确判定杂质颗粒的形状和尺寸，测量的偏差较大，影响检测结果；三是试验装置、环境不能满足要求，如水池、水泵、管道、阀门和流量计等设施的清洁程度、金属锈蚀及污物残留等因素都会对测量结果产生影响。

由于缺少相应的标准进行规范，就造成国内微灌过滤设备生产混乱、产品质量低下的状况。调查显示目前国产的砂石过滤器主要以北京通捷公司或武汉大学云水公司产品为样品进行复制或改进，存在着加工粗糙、可靠性差、性能参数不全等问题。而叠片过滤器的工艺要求更高，国内还没有开发成功的例子。虽然国内应用的高端过滤器产品通常是国外企业生产，但是由于这些国外产品是从其他行业直接拿来用于微灌，在应用中还存在着过滤效果和清洗功能参数模糊不清的问题。

1.4.2 对砂过滤过程缺乏深入研究

关于砂过滤过程的研究在水处理行业已经开展上百年，并且取得了丰富的研究成果，形成了较完整的技术理论[58-59]。微灌用砂石过滤器是将给水处理行业的砂过滤技术设备直接引进使用，虽然其性能与给水行业过滤有相近之处，但是他们之间存在着根本不同，首先，过滤的目的不同，微灌过滤目的是滤除水中含有的多余的杂质颗粒，降低这些杂质颗粒对灌水器的堵塞概率。而给水处理更注重过滤对水的浊度、嗅味指标的滤除效果[60]。其次，微灌过滤器具有高压力、高速度的特点。微灌过滤器滤层的上游压力一般在200kPa以上，而给水处理滤床上游的压力一般不会超过 10kPa，主要靠水体自身的重力作用来穿过砂滤层，两者相差悬殊。最后，微灌过滤器的过滤速度一般在 0.02~0.03m/s，远大于给水处理的过滤速度要求。研究微灌应用条件下的杂质颗粒在砂滤料中的截留过程和水头损失变化规律，是指导过滤设备的设计和制造的理论基础。在我国相关的研究资料有限，系统的研究几乎是空白。

我国是一个水资源严重短缺的国家，水资源污染现象严重，发展劣质水微灌是未来节水农业发展的趋势之一。劣质水微灌最大的障碍是水质处理问题，过滤问题理所当然地成为其最重要的研究课题之一。Al‑shammiri[61]、Ravina等[62-63]、Pedrero 和 Alarcón[64]、Capra 和 Scicolone[65]、Leupin 和 Hug[66]长期从事污水灌溉研究，重点开展污水处理后用于滴灌的试验，他们得出了处理后的生活污水用于微灌是可行的结论。在污水微灌过滤方面他们公认的结果是砂石过滤器的效果最佳，叠片过滤器能够使用，但不如砂石过滤器，筛网过滤器一般不能单独用作主过滤器，Capra 和 Scicolone 建议最好使用自洁净砂石过滤器，清洗周期为 1h 左右。薛英文和许翠平等也做了类似的污水滴灌试验[67-68]。作者认为，劣质水运用于微灌条件并不成熟，过滤和反冲洗方面还存在着技术障碍。

我国城镇有上万座污水处理厂，回水利用一直是困扰污水厂发展的难题，开展砂过滤的过程研究对把大量的处理后的污水转化成灌溉用水提供新的技术理论，其应用价值和推广前景是不可估量的。

1.4.3 对砂滤料的研究较少

过滤材料是过滤器的核心，微灌专用过滤材料要求理化性能稳定、清洗快速方便、适宜于高速过滤。理化性能稳定是指砂滤料颗粒不易碎裂和磨损，含水解化合物量少，不易水解变形，耐老化抗腐蚀能力强等。清洗方便是指过滤材料堵塞后容易清洗，尤其是易于自动清洗，并且清洗耗水量要少。另外，不同的水质对过滤材料的要求不同，开发一些专用过滤材料，过滤效率可以大幅提高，只有好的过滤材料，才能生产出高性能的过滤产品。

砂过滤技术是从水处理行业借鉴而来，砂石滤料也是照搬水处理行业使用的石英砂或花岗岩砂，常用的标号为 30#、20#、16#、11# 和 8# 等几种[69]，其中 8# 和 11# 是花岗岩石料，其他标号为石英砂。这些滤料的粒径不是均匀的，如 20# 石英砂滤料的粒径范围在 0.415~1.400mm，试验发现进行反冲洗后，出现滤床水力分级现象明显，较小粒径的滤料颗粒停留在表层，越向下粒径越大，当过滤过程中滤层表面很快被堵塞，下面的滤料基本起不到什么作用，这就是微灌上常说的"表层过滤"现象。如何避免表面过滤，开发出微灌系统专用的砂石滤料，是微灌过滤技术发展的一个长久的课题。

1.4.4 清洗用水量问题常被忽视

由于微灌过滤速度高，清冲洗频率大，因此清洗用水量是过滤器的一个关键指标，清洗用水量过大，不仅造成能源和清洁水的浪费，同时也带来污水排放和处理的新问题。通常情况下清洗用水量指标是以清洗用水占过滤处理水的百分比表示，即指每过滤 100m³ 水需要消耗的清洗用水量。影响反冲洗用水量的因素很多，主要有过滤器形式、过滤材料规格、滤床结构、原水水质和冲洗强度及反冲洗压差指标等。资料显示网式自清洁过滤器的反冲洗最省水，一次清洗时间仅有 10s 左右，排出污水的颗粒质量分数最大；砂石过滤器的过滤周期较长，但是一次性清洗水量消耗大，一次清洗时间为 300s 左右；叠片过滤器单次冲洗耗水量小于砂石过滤器，但它的冲洗频率高，一次清洗时间为 20s 左右。在冲洗强度方面叠片式要高于砂石过滤器，因此一般认为叠片过滤器清洗用水相对砂石过滤器较少，但还存在着争议。过滤材料的规格是指滤网和叠片的目数、砂石滤料的粒径等，一般情况目数越大反冲洗耗水量越多，砂石滤料的清洗比较复杂，平均粒径越大反冲洗耗水量越多。另外，水中杂质颗粒的黏性和比重不同，其与过滤材料脱离的难易程度不同，同样也会影响冲洗耗水量。滤层结构参数也影响清洗用水量，如承托板结构、滤帽的型号、滤层厚度等，因此在过滤器设计时就考虑到它们的清洗耗水性能。在不同的反冲洗水流流速和冲洗压差指标下，过滤器冲洗耗水量差异很大，可以通过调整这两个指标节省清洗用水。

1.4.5 需要开发自清洗过滤器

自清洗过滤器是指过滤器能够按照过滤时间、前后压差或过滤流量等指标，通过自身的清洗机构，对过滤材料进行自动清洗操作[70]。砂石过滤器和叠片过滤器一般采用反冲洗机构进行自动清洗，筛网过滤器反冲洗效果较差，一般采用扫描吸食功能的自清洗机构[33-34]。近几年来，随着微灌工程技术的向前发展自清结过滤器逐渐被用户重视，开始成为市场的热点。国内一些企业虽然也开发了一些产品，但其最关键的控制部件仍然采用国外进口，如电子控制仪、反冲洗阀门和压力流量传感器等。目前国内尚未成功开发出名牌自清洗过滤器产品。国内自清洗过滤器市场被国外产品占据，由于自清洗过滤器的价格居高不下，为了节省开支多数用户只能被迫选择人工清洗操作的过滤器。开发自清洗过滤器从技术上讲并没有什么难度，难的是要做出名牌就需要花费大量的人力财力投入研发和生产考核，一旦研发成功就能得到快速推广应用。翟国亮从"十五"以来一直从事自动过滤器的研发工作，取得了多项发明专利，研发出了 AFS 系列的全自动反冲洗砂石过滤器及附属产品，并且有一定的推广应用。但在研制过程中还发现一些问题，如过滤速度确定、反冲洗指标确定、滤料的水力分级现象、滤层厚度选择、滤料颗粒尺寸选择等问题，这些因素都影响着过滤器的控制与运行，有待开展更多地试验研究。

1.5 石英砂过滤技术理论研究回顾

1.5.1 微灌砂过滤技术理论研究简述

针对微灌石英砂过滤技术理论研究在国内外开展的都比较少，董文楚是国内最早开展微灌砂石过滤器试验研究者，早在 1992 年其就对微灌用砂滤料选择基本要求、砂滤料参数的测定方法进行了研究[71-72]，他的研究成果奠定了国内砂过滤器研究的基础；近几年翟国亮也做了一些研究工作，取得了一些成果[73-74]。类似的研究在给水处理和污水处理行业已经进行了上百年，多年来国外研究者 Veza 和 Rodriguez - gonzalez[75]、Payatakes 等[76]、Ives[77]，Israelachvili[78]，Jegatheesan 和 Vigneswaran[79]对给水处理深层滤床的过滤性能进行了研究；Broeckmann 等[80]、Meier 等[81]则对不同来源污水处理提出了各自的结论；GA 和 JIA[82]，MCCARTHY 等[83]对不同条件过滤过程、过滤装置进行了试验研究，这些研究提供了丰富了参考资料。国内开展相关研究的人员较多，景有海[84]、张建锋等[85]、杨长生[86-87]、郭瑾等[88]、李亚峰等[89]对均质滤料的过滤技术开展了开创性的研究；李烜[90]针对石英砂对腐殖质过滤性能开展了试验研究，郭梅修[91]开展了粗石英砂的过滤研究；赵欢等[92-93]对长纤维过滤与石英砂过滤进行了比较分析；莫德清等对改性石英砂的吸附功能进行了分析[94]。类似的研究还有许多，此处不在列举。微灌过滤技术虽然与水处理过滤有很大的区别，但过滤的基本理论与研究方法可借鉴使用。所以上述研究为微灌石英砂过滤的研究奠定了基础。

1.5.2　砂滤料过滤模型的研究

最早的过滤模型是以给水处理为目标开展的研究，日本学者岩崎在 1937 年就提出了过滤公式：

$$\frac{\partial c}{\partial x} = -\lambda c \tag{1.1}$$

式中，c 为滤层深度截留的颗粒数量；λ 为过滤系数，它是一个综合了多个影响因素的系数。

研究者 Silva 等[95]开展了试验与模拟分析，旨在找出上述关系的求解方法，并建立出不同过滤条件下的数学模型，归纳起来常用的计算模型主要有如下几种。

1.5.2.1　经验模型

经验模型是建立在多孔介质在过滤过程中其滤层内部截留的杂质颗粒总量是连续不变的基础上，它通常的表达如下：

$$\frac{\partial \sigma}{\partial t} + \mu \frac{\partial c}{\partial x} = 0 \tag{1.2}$$

现根据求解方程的需要引入沉积速度 μ 的概念，它是指单位时间内杂质颗粒沉积量的值，于是研究者又开始对沉积速率方程进行试验研究，其中 Iwasaki 公式是被引用较多的经验模型方程，该方程如下：

$$\frac{\partial \sigma}{\partial t} = \mu \lambda c \qquad \lambda = \lambda_0 f(p, \sigma) \tag{1.3}$$

不同过滤条件过滤系数 λ 的表达式不同，下面公式是较通用的表达式：

$$\lambda = \lambda_0 \left(1 + \frac{\beta\sigma}{\varepsilon}\right)^x \left(1 - \frac{\sigma}{\varepsilon}\right)^y \left(1 - \frac{\sigma}{\sigma_u}\right)^z \tag{1.4}$$

式（1.3）中的参数可通过对试验数据的拟合而得到。

一般来说经验模型能够较好地计算出过滤开始的时候滤后水的颗粒含量、滤层水头损失随时间的变化情况，但无法描述整个过滤周期内的变化规律[96]。

尽管经验模型方法较简单，但却没有考虑沉积的水力学变化过程。景有海[97]将均质滤层的孔隙流道抽象为无数毛细管管网束，进而推导出了一组过滤过程的方程式，这为过滤模型的研究提出了一种新的途径。

1.5.2.2 轨迹模型

轨迹模型是以杂质颗粒在多孔介质中的运动轨迹分析为理论基础，结合石英砂过滤理论的实际过程建立模型，其最大的特点是把滤层的多孔介质假定为杂质颗粒的"单元收集器"，通过研究杂质颗粒在"单元收集器"表面的运动轨迹及向收集器表面迁移、附着的过程，来建立过滤过程的计算模型。它主要考虑水中杂质颗粒在清洁滤料颗粒表面的沉积，当滤料颗粒表面已经有别的杂质颗粒存在时，其假定的基础条件不成立，所以轨迹模型的使用性受到的限制较大。

1.5.2.3 随机模型

国外研究者在研究过滤的机理过程中发现，滤层中沉积颗粒存在着"阻塞"和"剥离"的现象，即杂质颗粒对滤层孔隙产生的堵塞是可变的，阻塞—开通是循环过程，他们把这一过程现象比喻成"死—生"过程，阻塞称为"死"，开通为"生"。然后采用概率统计的方法建立阻塞孔隙概率方程，然后将其与流速等参数关联起来，组成随机过滤模型。

1.5.2.4 模型评价

以上3种过滤模型，主要是水处理行业针对深床过滤条件下而建立起来的模型，其共同的不足是没有涉及杂质颗粒粒径及粒度分布参数的影响。分析其可能的原因，一是由于在建立模型的过程中，为了简化计算过程而有意忽略了其对过滤的影响成分；二是由于过去对杂质颗粒尺寸及粒度分布测定的难度大、耗时长、费用较昂贵等因素造成的。但杂质颗粒的尺寸和分布规律影响着其在滤层中的去除机理，这种影响现象已经在许多实际观察和理论分析上得到证明。

针对微灌需要的高速、防堵塞和低成本的过滤要求，上述经典过滤模型在微灌过滤上使用有待进一步的试验研究，只有通过大量的试验才能提出微灌专用的砂过滤模型，本部分重点在于研究微灌过滤的计算模型。

2 石英砂颗粒形貌特征分析

2.1 微灌石英砂颗粒形貌参数

2.1.1 石英砂颗粒形状参数

石英砂颗粒在空间为多面体，其形状具有不规则性和随机性，在平面内则呈现为形状各异的不规则多边形。砂颗粒的形状特征，直接影响砂滤层孔隙大小及其分布，从而对滤层过滤效果产生重要影响。

砂颗粒的形状也称为颗粒的粒性，颗粒粒性用于描述石英砂颗粒单元体的几何性[98]。在二维平面内，表征砂颗粒形状特征的参数主要有面积、周长、等效直径、外接圆半径和内切圆半径。

在砂颗粒的形状参数中，面积 A 和周长 P 属粒径参数，是影响颗粒形状的重要参数。在面积确定的情况下，周长不同则砂颗粒形状不同。同理，在周长确定的情况下，面积不同则砂颗粒形状也会有差异。

颗粒的延性即颗粒的伸长属性，延性系数反映颗粒总体上是长条状、柱状、板状还是近等轴方形形态。采用简化延长指数 I_A 和布拉斯谢克系数 I_{cb} 评价砂颗粒单元形态[99]。

简化延长指数 I_A 为

$$I_A = \frac{R_i}{R_c} \qquad (2.1)$$

式中，R_i 为砂颗粒内切圆半径，mm；R_c 为砂颗粒外接圆半径，mm。显然，I_A 位于区间 [0，1]，当 I_A 取 0 时，表示砂颗粒为线段，当 I_A 取 1 时，表示砂颗粒为圆。

布拉斯谢克系数 I_{cb} 为

$$I_{cb} = \frac{32A}{(\pi P)^2} \qquad (2.2)$$

式中，A 为砂颗粒面积，mm^2；P 为砂颗粒周长，mm。I_{cb} 的取值范围为 $[0, 8/\pi^2]$，当 I_{cb} 取 0 时，表示砂颗粒为线段，当 I_{cb} 取 $8/\pi^2$ 时，表示砂颗粒为圆。

显然，在面积 A、周长 P、内切圆半径 R_i 和外接圆半径 R_c 已知的前提下，就可以对砂颗粒形状特征进行计算分析。

2.1.2 微灌砂石过滤器石英砂滤料颗粒粗糙度参数

石英砂滤料颗粒表面的 3-D 形貌十分复杂，按不同的表征特性可以将表面粗糙度参数分为 4 类，分别是幅度参数、空间参数、综合参数和功能参数[100]。在这 4 类参数中，幅度参数是表面形貌最主要的特征之一，考虑到砂滤料颗粒表面高度的统计特性、极值特性和高度分布的形状，采用表面形貌的均方根偏差 S_q、表面高度分布的偏斜度 S_{sk} 和表面高度分布的峭度 S_{ku} 来表征砂滤料颗粒表面形貌的幅度性能[17]。

石英砂滤料颗粒表面形貌的均方根偏差 S_q 表示表面粗糙度偏离参考基准面的均方根值，用于表征表面波动幅度的标准差，表达式为

$$S_q = \sqrt{\frac{1}{A}\iint\limits_A z^2(x,\ y)\,\mathrm{d}x\mathrm{d}y} \qquad (2.3)$$

式中，S_q 为石英砂表面形貌的均方根偏差，μm；A 为测量表面的面积，μm^2；z 为测量表面上点 $(x,\ y)$ 的高度，μm。

石英砂滤料颗粒表面高度分布的偏斜度 S_{sk} 表示表面偏差相对于基准表面的对称性的度量，表达式为

$$S_{sk} = \frac{1}{S_q^{\ 3}}\left[\frac{1}{A}\iint\limits_A z^3(x,\ y)\,\mathrm{d}x\mathrm{d}y\right] \qquad (2.4)$$

式中，S_{sk} 为石英砂表面高度分布的偏斜度，无量纲；其余同上。

若表面高度对称分布，则偏斜度为零。若 S_{sk} 为负值，说明砂滤料颗粒表面凹陷部分所占比例偏大；若 S_{sk} 为正值，说明砂滤料颗粒表面波峰所占比例偏大。

石英砂滤料颗粒表面高度分布的峭度 S_{ku} 用于描述砂滤料颗粒表面形貌高度分布的形状，表达式为

$$S_{ku} = \frac{1}{S_q{}^4}\left[\frac{1}{A}\iint_A z^4(x,\ y)\,\mathrm{d}x\mathrm{d}y\right] \qquad (2.5)$$

式中，S_{ku} 为石英砂滤料颗粒表面高度分布的峭度，无量纲；其余同上。

若表面高度分布的峭度为 3，说明砂滤料颗粒表面为高斯分布；若表面高度分布的峭度大于 3，说明砂滤料颗粒表面形貌高度分布集中在表面中心；若表面高度分布的峭度小于 3，说明砂滤料颗粒表面形貌高度分布比较分散。

石英砂颗粒表面轮廓是平面与砂颗粒实际表面相交所得的轮廓。颗粒表面轮廓算术平均偏差 S_a 是颗粒表面粗糙度最主要的评定参数，表征砂颗粒表面起伏的平均高度，表达式为

$$S_a = \frac{1}{A}\int_A |z(x,\ y)|\,\mathrm{d}x\mathrm{d}y \qquad (2.6)$$

式中，S_a 为表面轮廓算术平均偏差，μm；A 为测量表面的面积，μm^2；z 为测量表面上点 $(x,\ y)$ 的高度，μm。

砂颗粒表面轮廓单元最大宽度 S_s，指轮廓单峰间距的最大值。该参数决定了砂颗粒表面所能滞纳的最大杂质颗粒的粒径。如图 2-1 中 0 到 1 之间的距离即为表面轮廓单元最大宽度 S_s。

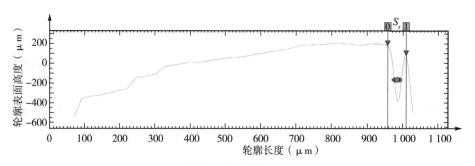

图 2-1　表面轮廓单元最大宽度示例

2.2　砂颗粒图像处理方法

计算机图像处理技术为砂颗粒形状特征参数的获取提供了方便途径。其原理

是通过高精度数码相机获取砂颗粒的数字图像，然后利用图像处理软件（如 Adobe Photoshop）或自编程序，根据砂颗粒灰度与背景灰度的差异，将砂颗粒从图像背景中分离出来，对图像进行分析、加工、处理和数据输出。颗粒在二维平面内的面积 A、周长 P、内切圆半径 R_i 和外接圆半径 R_c 等形状参数可以从图像直接提取，参数及描述见表 2-1。

表 2-1　石英砂颗粒形状参数

参数	符号	描述
面积	A	颗粒所有像素之和
周长	P	颗粒连续边界像素距离之和
内切圆半径	R_i	颗粒内切圆半径
外接圆半径	R_c	颗粒外接圆半径

以粒径范围为 1.00~1.18 mm、1.18~1.40 mm 和 1.40~1.70mm 的 3 种滤层为研究对象，每种滤层中各随机取 16 粒石英砂作为样本，采用高精度数码相机对砂颗粒样本逐一拍照，示例见图 2-2，然后采用计算机 C 语言编制程序，从而对砂颗粒图像进行分析处理。

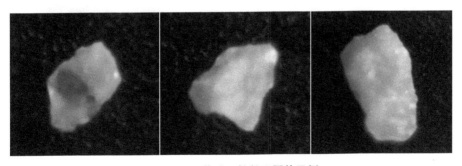

图 2-2　石英砂颗粒数码图片示例

2.3 砂颗粒形状参数计算与分析

2.3.1 微灌砂石过滤器砂滤料颗粒粗糙度参数的测算

以粒径范围为 1.00~1.18 mm、1.18~1.40 mm 和 1.40~1.70mm 的 3 种滤料的砂滤料颗粒为研究对象，每种滤层中各随机取 15 粒石英砂作为样本，采用型号为 ST400 的三维表面形貌仪（图 2-3）对砂滤料颗粒逐个扫描。扫描时，将砂滤料颗粒自然放置于工作台上，由于三维表面形貌仪仅能扫描到砂滤料颗粒的上半表面，因而以上半表面的粗糙度代表整个砂滤料颗粒表面的粗糙度，测量参数为表面形貌的均方根偏差、颗粒表面高度分布的偏斜度和颗粒表面高度分布的峭度。测量结果由三维表面形貌仪输出到电脑显示器。

图 2-3 三维表面形貌仪

砂颗粒表面轮廓算术平均偏差为 S_a，表面轮廓单元最大宽度 S_s 则在表面轮廓线上测量得到。砂颗粒表面形貌参数结果见表 2-2。

表 2-2 砂颗粒表面形貌参数测算结果

序号	粒径 1.00~1.18mm		粒径 1.18~1.40mm		粒径 1.40~1.70mm	
	S_a（μm）	S_s（μm）	S_a（μm）	S_s（μm）	S_a（μm）	S_s（μm）
1	197.595	36.44	77.457	30.26	77.457	65.05
2	150.849	52.17	64.964	55.61	64.964	41.65
3	119.472	49.28	101.334	79.32	101.334	54.62
4	110.621	44.55	150.435	65.26	150.435	52.68
5	162.327	58.38	123.923	79.17	123.923	84.94
6	141.207	95.23	234.886	71.29	234.886	56.94
7	148.265	93.38	72.412	87.28	72.412	42.79
8	168.456	65.74	61.207	49.87	83.041	126.69
9	115.115	39.02	146.575	55.56	146.575	51.41
10	61.207	105.03	207.691	52.35	207.691	55.01
11	120.243	50.94	160.544	84.48	160.544	60.21
12	144.862	107.77	133.872	52.35	133.872	43.97
13	132.08	80.79	51.770	51.45	51.770	30.21
14	157.028	69.80	208.357	83.09	208.357	38.17
15	176.124	45.56	209.062	51.96	209.062	58.69

2.3.2 形状参数的计算

采用编制的计算机程序，对石英砂颗粒数码图片进行处理，得到砂颗粒的形状参数 A、P、R_i 和 R_c，计算框图如图 2-4 所示。

2.3.3 形状参数计算结果分析

由于石英砂颗粒形状具有随机性，因而其粒径参数与延性参数也具有随机性，因此采用样本参数的均值、标准差和变异系数来描述砂颗粒的整体特征。

样本均值 $\bar{x}$ 为

$$\bar{x} = \frac{1}{n} \sum_{i=1}^{n} x_i \tag{2.7}$$

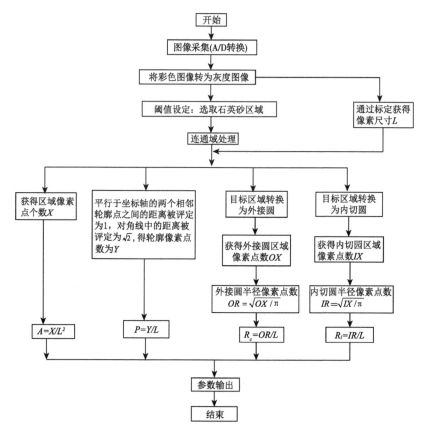

图 2-4　砂颗粒形状参数计算框图

式中，x_i 为样本参数。

样本标准差 s 为

$$s = \sqrt{\frac{1}{n-1} \sum_{i=1}^{n} (x_i - \bar{x})^2} \tag{2.8}$$

样本变异系数 C_v 为

$$C_v = \frac{s}{\bar{x}} \tag{2.9}$$

式中，s 为样本标准差；$\bar{x}$ 为样本均值。

由自编程序计算得到样本的粒径参数 A 与 P，由面积 A 得到砂颗粒等效直径 D。

$$D = 2\sqrt{\frac{A}{\pi}} \qquad (2.10)$$

绘制砂颗粒面积波动趋势图（图2-5）、砂颗粒周长波动趋势图（图2-6）和砂颗粒等效直径波动趋势图（图2-7）。A、P、D统计值结果见表2-3。

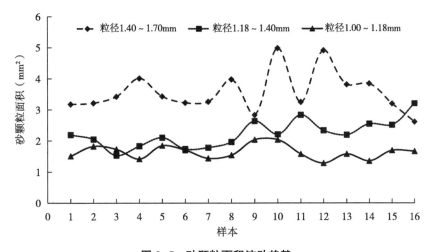

图 2-5　砂颗粒面积波动趋势

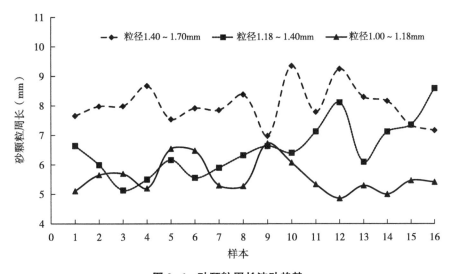

图 2-6　砂颗粒周长波动趋势

27

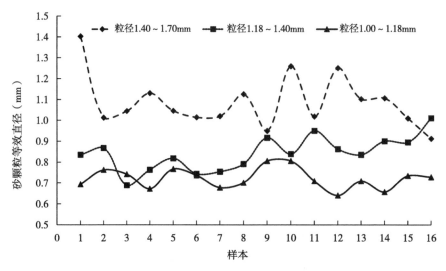

图 2-7　砂颗粒等效直径波动趋势

表 2-3　石英砂颗粒粒径参数及其统计值

粒径范围	粒径参数	最小值	最大值	均值	标准差	变异系数
	A（mm²）	1.286	2.039	1.663	0.226	0.136
1.00~1.18mm	P（mm）	4.859	6.727	5.605	0.542	0.097
	D（mm）	0.640	0.806	0.726	0.049	0.068
	A（mm²）	1.534	3.206	2.230	0.424	0.190
1.18~1.40mm	P（mm）	5.133	8.592	6.541	0.908	0.139
	D（mm）	0.689	1.010	0.842	0.080	0.095
	A（mm²）	2.613	4.978	3.574	0.637	0.178
1.40~1.70mm	P（mm）	6.978	9.350	8.018	0.646	0.081
	D（mm）	0.912	1.403	1.087	0.122	0.112

由图 2-5 可知，均值越大，砂颗粒面积波动幅度越大，即样本标准差越大。由表 2-3 可知，粒径为 1.18~1.40mm 的石英砂，面积变异系数最大，为 0.190；粒径为 1.00~1.18 mm 的石英砂，面积变异系数最小，为 0.136。

由图 2-6 可知，粒径为 1.18~1.40mm 的石英砂，周长波动幅度最大，标准差为 0.908mm；由表 2-3 知，其样本变异系数也最大，为 0.139。

由图 2-7 可知，均值越大，砂颗粒等效直径波动幅度越大，即样本标准差越大；同时，由表 2-3 可知，变异系数也随均值的增加而增加，粒径为 1.40~1.70mm 的石英砂，变异系数最大，为 0.112。

总体而言，砂颗粒粒径参数的波动幅度较小，说明砂颗粒大小比较均匀。

由自编程序计算得到样本参数 R_i 和 R_c，计算得到简化延长指数 I_A，由粒径参数 A 与 P 计算得到布拉斯谢克系数 I_{cb}，绘制砂颗粒简化延性指数波动趋势图（图 2-8）和布拉斯谢克系数波动趋势图（图 2-9），其统计值计算结果见表 2-4。

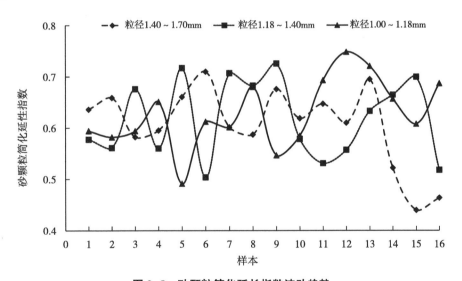

图 2-8 砂颗粒简化延长指数波动趋势

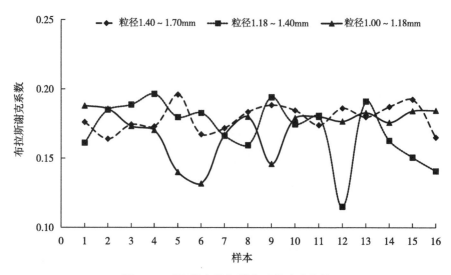

图2-9   砂颗粒布拉斯谢克系数波动趋势

表2-4   石英砂颗粒延性参数及其统计值

粒径范围	延性参数	最小值	最大值	均值	标准差	变异系数
1.00~1.18mm	I_A	0.491	0.766	0.636	0.071	0.111
	I_{cb}	0.132	0.188	0.172	0.017	0.096
1.18~1.40mm	I_A	0.440	0.710	0.606	0.072	0.119
	I_{cb}	0.115	0.197	0.171	0.021	0.121
1.40~1.70mm	I_A	0.504	0.726	0.618	0.075	0.121
	I_{cb}	0.164	0.196	0.179	0.009	0.053

由图2-8和图2-9可知，每种粒径范围砂颗粒简化延性指数波动趋势与布拉斯谢克系数波动趋势基本一致。

由表2-4可知，3个样本简化延长指数分别为0.636、0.606和0.618，数值十分接近，同时变异系数也比较小，最大值仅为0.121；3个样本布拉斯谢克系数分别为 0.172、0.171 和 0.179，数值也十分接近，变异系数最大值为 0.121。说明砂颗粒形状特征比较稳定，总体上颗粒形态呈扁平状，形状接近长轴与短轴比值为 3∶2 的椭圆形。

2.4 微灌砂石过滤器砂滤料颗粒粗糙度参数计算结果分析

根据三维表面形貌仪输出的结果，绘制砂滤料颗粒表面形貌的均方根偏差波动趋势图（图2-10）、砂滤料颗粒表面高度分布的偏斜度波动趋势图（图2-11）和砂滤料颗粒表面高度分布的峭度波动趋势图（图2-12）。对均方根偏差、表面高度分布的偏斜度和表面高度分布的峭度进行统计分析，计算结果见表2-5。

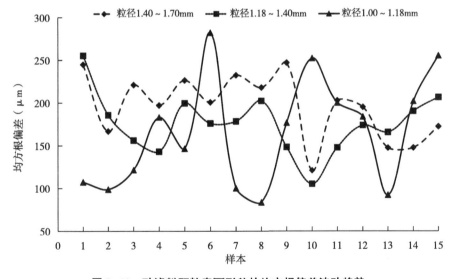

图 2-10 砂滤料颗粒表面形貌的均方根偏差波动趋势

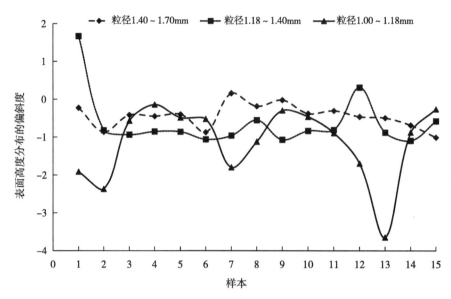

图 2-11　砂滤料颗粒表面高度分布的偏斜度波动趋势

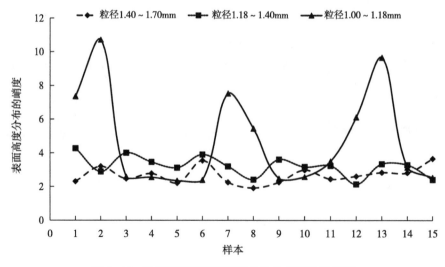

图 2-12　砂滤料颗粒表面高度分布的峭度波动趋势

表 2-5 石英砂滤料颗粒粗糙度统计值

粗糙度参数	粒径范围	最小值	最大值	均值	标准差	变异系数
S_q（μm）	1.00~1.18mm	83.556	282.072	165.681	62.726	0.379
	1.18~1.40mm	105.109	255.349	175.617	33.629	0.191
	1.40~1.70mm	120.911	246.991	196.009	36.686	0.187
S_{sk}	1.00~1.18 mm	−3.644	−0.137	−1.135	0.943	−0.831
	1.18~1.40mm	−1.093	1.670	−0.621	0.695	−1.121
	1.40~1.70mm	−1.007	0.162	−0.440	0.309	−0.703
S_{ku}	1.0~1.18 mm	2.347	10.712	4.726	2.784	0.589
	1.18~1.40mm	2.137	4.271	3.232	0.579	0.179
	1.40~1.70mm	1.911	3.658	2.684	0.487	0.181

由图 2-10 可知，粒径范围为 1.00~1.18mm 的滤层砂滤料颗粒表面形貌的均方根偏差波动最大，由表 2-5 可知，其最大值为 282.072μm，均值明显小于其他两种滤层，而标准差明显大于其他两种滤层，因而其变异系数明显大于其他两种滤层，为 0.379。其他两种滤层变异系数比较小且非常接近，分别为 0.191 和 0.187，说明这两种砂滤料颗粒表面上下波动幅度较小。3 种砂滤料颗粒表面形貌的均方根偏差均值分别为 165.681μm、175.617μm 和 196.009μm，分别占滤层当量粒径的 15.6%、14.6% 和 13.1%，说明微灌砂石过滤器砂滤料颗粒表面粗糙度比较大。

由图 2-11 结合表 2-5 可知，粒径范围为 1.00~1.18mm 的滤层砂滤料颗粒表面高度分布的偏斜度波动幅度最大，但其变异系数却小于粒径范围为 1.18~1.40mm 的滤层，原因在于，粒径范围为 1.18~1.40mm 的滤层表面高度分布的偏斜度最大值为正值，计算均值时，与负值抵消，导致均值绝对值偏小，从而使变异系数增大。而粒径范围为 1.18~1.40mm 和 1.40~1.70mm 的两种滤层砂滤料颗粒表面高度分布的偏斜度均为负值，且变异系数比较接近，分别为−0.831 和−0.703。3 种砂滤料颗粒表面高度分布的偏斜度变异系数绝对值都比较大，且都为负值，说明凹陷部分不仅所占比重偏大，且变化幅度大。

由图 2-12 可知，粒径范围为 1.00~1.18mm 的滤层砂滤料颗粒表面高度分布的峭度波动最大，由表 2-5 知，其最大值为 10.712，而其他两种滤层分别为 4.271 和 3.658，显然，粒径范围为 1.00~1.18mm 的滤层最大。同时，峭度变异系数也是粒径范围为 1.00~1.18mm 的滤层最大，为 0.589。其他两种滤层变异系数比较接近，分别为 0.179 和 0.181。

综上可知，粒径较小的砂滤料颗粒，其表面粗糙度参数波动幅度较大，可能是滤料在生产和筛分时，其表面形状复杂多样，精确加工难度大，从而导致滤料粗糙度不够均匀。

总体而言，3 种滤料表面粗糙程度比较接近。石英砂滤料颗粒表面形貌的均方根偏差均值占颗粒粒径的比重比较大，说明砂滤料颗粒表面粗糙度比较大；石英砂滤料颗粒表面高度分布的偏斜度都为负，说明砂滤料颗粒表面凹陷部分所占比例偏大；石英砂滤料颗粒表面高度分布的峭度或接近 3 或大于 3，说明砂滤料颗粒表面形貌高度分布比较集中。

砂滤料颗粒表面形貌的均方根偏差能够较直接地表征砂滤料颗粒表面粗糙度，而表面粗糙度直接影响到砂滤层的过滤效果和水头损失。砂滤层在过滤过程中，砂滤料颗粒表面将与水进行充分接触，砂滤料颗粒与水的接触面对水产生一定阻力，砂滤料颗粒表面粗糙度越大，对水的阻力越大，水头损失越大。为了减小砂滤层对水的阻力，应当使用表面相对光滑且粒径相对较大的砂滤料。

同时，在微灌系统中，能够导致灌水器堵塞的杂质颗粒一般都大于 80μm，如果砂滤层将小于 80μm 的杂质都过滤掉，那么，砂滤层过滤周期会缩短，砂滤层反冲洗频率会增加。因而，针对微灌系统的砂滤料，应当对小于 80μm 的杂质颗粒没有过滤作用，而对 80μm 以上的杂质起到良好的过滤作用。基于上述分析，砂滤料颗粒表面粗糙度不应过大，而粒径较大的石英砂滤料，粗糙度相对较小，更适合应用于微灌系统。

在砂滤料的生产和选取过程中，应选取较大颗粒的石英砂滤料；在对滤料加工过程中，应以颗粒粗糙度参数为控制指标，对生产工艺进行改善，适当减小滤料粗糙度，以提高灌系统砂石过滤器的过滤效果。

2.5   砂颗粒表面滞纳杂质颗粒粒径计算与分析

当水流通过砂滤层时，由于砂颗粒处于静止状态，而水流具有一定流速。因此，由滤层孔隙中心到砂颗粒表面，水流存在一个由最大值到静止的渐变边界层，在该渐变边界层内，水流速度较低，水流处于层流状态。水中杂质颗粒在滤层孔隙内湍流作用下，部分颗粒会向边界层移动，当移动到边界层时，由于水流速度降低，杂质颗粒则会缓慢地附着到砂颗粒表面。若砂颗粒表面比较光滑，则杂质颗粒在水流的作用下，会继续向前运动。若砂颗粒表面存在明显的凹凸时，较细的杂质颗粒会在水流侧压作用下嵌入砂颗粒表面的凹处，从而逐渐在砂颗粒表面聚集，使砂颗粒表面形成一个由杂质细颗粒组成的壁面。由于细小杂质颗粒之间吸附力的作用，杂质颗粒间的内摩擦力一般比杂质颗粒与砂颗粒间的摩擦力大[20]，后面的颗粒会继续附着在紧贴砂颗粒表面的那层细小颗粒上，细小颗粒的不断附着，导致砂颗粒表面滞纳区的形成。

砂颗粒表面滞纳区在形成过程中，首先停留到砂颗粒表面的杂质颗粒粒径较大，而后较细小的杂质颗粒继续附着上去。当表面滞纳区达到一定厚度时，在重力和水流带动作用下，滞纳区会整体向下推移，滞纳区边缘的细小颗粒会被水流带走，杂质颗粒的聚集与下移形成一个动态的平衡过程。

由砂颗粒表面滞纳区形成机理可知，表面滞纳区形成的关键是要有一部分细小的杂质颗粒能停留在砂颗粒表面，这主要取决于砂颗粒表面平均起伏高度、砂颗粒表面轮廓单元度和杂质颗粒的粒径等因素。

在砂颗粒表面滞纳区形成的决定因素中，砂颗粒表面平均起伏高度可以用颗粒表面轮廓算术平均偏差 S_a 表示，显然 S_a 越大，杂质颗粒越容易停留在砂颗粒表面；砂颗粒表面轮廓单元最大宽度 S_s 越大，则能够停留的杂质颗粒粒径越大。

将砂颗粒表面轮廓的一个单元简化为一个锯齿形，将杂质颗粒近似为圆球体来处理，则可以对砂颗粒表面凹凸处所附着的杂质颗粒进行受力分析，见图 2-13。图中，F_f 为浮力，mg 为重力。

由于颗粒表面轮廓算术平均偏差 S_a 表示砂颗粒表面的平均起伏高度，因此，在砂颗粒表面凹处和凸处的平均高度都为 S_a，而表面轮廓单元最大宽度 S_s 即为锯

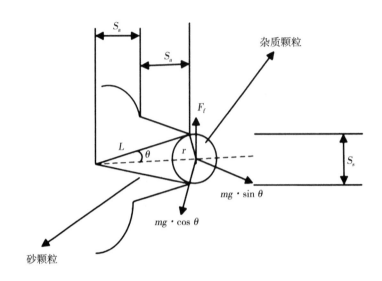

图 2-13　砂颗粒表面杂质颗粒受力示意

齿的开口宽度，设 θ 为锯齿顶角的半角。

在图 2-13 中，杂质颗粒在锯齿口所受静摩擦力为

$$F_m = (mg - F_f)\cos\theta \cdot \mu \qquad (2.11)$$

式中，F_m 为静摩擦力，N；μ 为最大静摩擦系数，无量纲；其余同上。

使杂质颗粒向下脱落的力为

$$F_h = (mg - F_f)\sin\theta \qquad (2.12)$$

使杂质颗粒不脱落的条件为

$$F_m \geqslant F_h \qquad (2.13)$$

即

$$(mg - F_f)\cos\theta \cdot \mu \geqslant (mg - F_f)\sin\theta \qquad (2.14)$$

将式 (2.14) 化简，得

$$\mu \geqslant \mathrm{tg}\theta \qquad (2.15)$$

假设杂质颗粒为细砂颗粒，而砂颗粒之间的内摩擦角为 28°~36°，若砂颗粒之间最大静摩擦角取 28°，则最大静摩擦系数为

$$\mu = tg28° = 0.532 \tag{2.16}$$

由式（2.15）和式（2.16）知，当 θ 不大于 28°，即 $tg\theta$ 不大于 0.532 时，杂质颗粒能够较稳定的嵌入砂滤料的凹处。

根据直角三角形边角关系，有

$$tg\theta = \frac{\frac{S_s}{2}}{(2S_a)} = \frac{S_s}{4S_a} \tag{2.17}$$

式中，符号同上。

将 $tg\theta$ 用可嵌入砂滤料凹处的最大杂质颗粒半径表示，得

$$tg\theta = \frac{r \cdot \cos\theta}{2S_a} \tag{2.18}$$

式中，r 为可嵌入砂滤料凹处的最大杂质颗粒半径，μm。

由式（2.17）和式（2.18）得

$$d = 2r = \frac{S_s}{\cos\theta} = S_s \sqrt{1 + \frac{S_s^2}{16S_a^2}} \tag{2.19}$$

式中，d 为可嵌入砂滤料凹处的最大杂质颗粒直径，μm。

根据式（2.19），可以得到砂颗粒所能滞纳的最大杂质颗粒粒径（表 2-6），采用样本参数的均值、标准差和变异系数对计算结果进行统计分析。

样本均值 $\bar{x}$ 为

$$\bar{x} = \frac{1}{n} \sum_{i=1}^{n} x_i \tag{2.20}$$

式中，x_i 为样本参数。

样本标准差 s 为

$$s = \sqrt{\frac{1}{n-1} \sum_{i=1}^{n} (x_i - \bar{x})^2} \tag{2.21}$$

式中，符号同上。

样本变异系数 C_v 为

$$C_v = \frac{s}{\bar{x}} \tag{2.22}$$

式中，s 为样本标准差；$\bar{x}$ 为样本均值。

表 2-6　砂颗粒表面滞纳杂质颗粒最大粒径计算结果

序号	粒径 1.00~1.18mm		粒径 1.18~1.40mm		粒径 1.40~1.70mm	
	tgθ	d（μm）	tgθ	d（μm）	tgθ	d（μm）
1	0.046	36.6	0.098	30.6	0.210	66.7
2	0.086	52.7	0.214	57.1	0.160	42.4
3	0.103	49.9	0.196	81.2	0.135	55.5
4	0.101	45.1	0.108	66.1	0.088	53.2
5	0.090	59.1	0.160	80.7	0.171	86.7
6	0.169	97.2	0.076	71.9	0.061	57.3
7	0.157	95.2	0.301	90.5	0.148	43.5
8	0.098	66.5	0.204	51.1	0.381	132.5
9	0.085	39.4	0.095	56.2	0.088	51.9
10	0.429	110.5	0.063	52.7	0.066	55.4
11	0.106	51.6	0.132	85.8	0.094	60.9
12	0.186	110.2	0.098	52.9	0.082	44.4
13	0.153	82.3	0.248	53.1	0.146	30.7
14	0.111	70.7	0.100	84.1	0.046	38.3
15	0.065	45.9	0.062	52.3	0.070	59.2
最大值	0.429	110.5	0.301	90.5	0.381	132.5
平均值	0.129	67.5	0.144	64.4	0.133	58.3
标准差	0.077	27.6	0.071	16.5	0.092	19.1
变异系数	0.598	0.401	0.492	0.257	0.688	0.335

由表 2-6 知，3 种滤料的砂颗粒表面轮廓单元 tgθ 的最大值分别为 0.429、0.301 和 0.381，均小于 tg28°，说明杂质颗粒能够较稳定的嵌入砂滤料的最大凹处。而可嵌入砂滤料凹处的最大杂质颗粒直径分别为 110.5μm、90.5μm 和 132.5μm，可嵌入砂滤料凹处的最大杂质颗粒直径的均值分别为 67.5μm、

64.4μm 和 58.3μm。3 种滤料可滞纳杂质颗粒最大直径的标准差分别为 27.6μm、16.5μm 和 19.1μm，标准差代表了杂质颗粒直径在均值上下的波动幅度。杂质颗粒直径变异系数分别为 0.401、0.257 和 0.335，与标准差具有相同的变化规律。可见，粒径为 1.18~1.40mm 和 1.40~1.70mm 砂滤料可嵌入杂质颗粒直径波动幅度相对较小且比较接近，而粒径为 1.00~1.18mm 的砂滤料杂质颗粒直径波动幅度较大，原因在于，小颗粒的石英砂在加工时，表面的粗糙度不易控制，会出现表面粗糙度不均匀的现象，而颗粒较大的石英砂表面粗糙度则较容易控制。

综上可知，粒径为 1.18~1.40mm 和 1.40~1.70mm 砂滤料，过滤性能相对稳定，而粒径为 1.00~1.18mm 的砂滤料过滤性能的稳定性则较差，因此，在选取砂滤料方面，应适当增加砂滤料的粒径，以提高砂滤层过滤性能的稳定性。

3 滴灌带堵塞试验、均匀度系数研究及堵塞水质与过滤要素分析

　　微灌系统最突出的问题之一是灌水器的堵塞，产生堵塞的直接原因，一是微灌灌水器的流道狭窄，当水中杂质颗粒的尺寸较大不能顺畅通过，被截留在其流道内，从而造成灌水器流量的大幅度减少或直接堵死，此类堵塞称为直接堵塞；二是灌溉水在进入微灌系统后产生了化学物质沉淀或微小颗粒的沉积，这些沉淀、沉积物逐渐增多使灌水器的流道变狭窄，使灌水器流量越来越小，这就是通常所说的渐变堵塞。一般认为堵塞的因素归结为物理因素、化学因素和生物因素3种。解决物理堵塞因素的通常做法是对灌溉水采用沉淀和过滤等工程措施，利用专用设备进行处理；生物因素和化学因素的防治措施是向水中添加化学药剂。事实上我国微灌工程中绝大部分仅采用的是水质过滤处理。

　　改进灌水器流道结构提高灌水器抗堵塞能力是常用的防治堵塞方法之一，典型的例子是新疆地区膜下滴灌大多采用单季作物一次性滴灌带，它的最大优点就是通过缩短滴灌带的使用周期，除了可以降低滴灌带质量标准和生产成本外，同时大大缓解滴灌带渐变堵塞产生的威胁[101]。本章介绍的一种三级流道滴灌带是作者翟国亮研制开发的一种小流量抗堵塞滴灌带，主要通过模拟堵塞试验来验证其抗堵塞性能。

　　事实上灌水器堵塞对微灌工程的直接影响是使灌水器的出水量不均衡，进而带来整个微灌系统灌水均匀度的下降[102]。当其下降较少时，可以靠延长灌水时间增加灌水量来弥补因均匀度较低造成部分作物灌水量分配不足的问题。当均匀度下降到一定的程度时，就会造成农作物的大幅减产，这时微灌工程就要报废。因此对灌水均匀度参数的研究也是微灌研究的一个重要组成部分，它同样也涉及灌水器堵塞性能问题。本部分是在仅考虑制造偏差因素条件下，对微灌系统灌水均匀度参数之间关系的理论研究。

本章的 3.3 是对我国新疆地区膜下滴灌使用过的一次性滴灌带进行研究，通过对不同过滤条件下滴灌带流道内部沉积的泥沙颗粒样品分析，找出泥沙颗粒在滴灌带内的沉积规律，进而找出需要过滤的泥沙颗粒的特征参数，提出对过滤器的过滤精度的要求，为我国的微灌工程设计提供技术依据，同时也为下面几章要开展的过滤试验方案设计提供参考数据。本章的 3.4 首先介绍了几种国内外常见的微灌堵塞水质评价方法，并对这些方法进行了总结分析，然后针对微灌砂过滤进行了机理分析，最后定义了微灌过滤的几个参数，为下面几章的研究铺垫了基础。

3.1 三级流道滴灌带的堵塞对水力性能影响试验

滴灌带主要包括边缝式和内镶式两种，边缝式滴灌带按其流道结构划分为单级、双级和多级流道滴灌带，目前在我国新疆等地区大面积应用的是单级结构，多级结构滴灌带的应用相对较少[103]，并且国内外只有极少数厂家能够生产此类产品。多级流道结构滴灌带是在单级流道结构的基础上研制出来，与单级式比较，它具有抗堵塞、流量互补和小流量等特点。"十一五"期间中国农业科学院农田灌溉研究所翟国亮课题组相继研制出了三级直流道滴灌带（简称 DL-1型）和三级复合流道滴灌带（DL-2 型），这两种规格的滴灌带具有抗堵塞、小流量的特点，本部分是对上述两种三级流道结构滴灌带水力性能和模拟堵塞试验的总结。

3.1.1 DL-1 型和 DL-2 型滴灌带简介

3.1.1.1 结构特点

DL-1 型和 DL-2 型滴灌带均是真空成型边缝式薄壁滴灌带，其结构见图 3-1 和图 3-2，可以看出 DL 型滴灌带主要由输水管和配水流道两部分构成，其中，输水管类似于管上式滴头的毛管起输水作用，配水流道是一个尺寸较狭小的流水通道，它类似于滴头的流道起到消能和微量配水功能。DL 型滴灌带的配水流道由三级组成，从进水口到出水口依次为第Ⅰ级、第Ⅱ经和第Ⅲ级，进水口和出水口数量比例 1：4，进水口间距 80cm，出水口间距 20cm。第Ⅰ级流道上游通过进水口与输水管连接，下游通过通水口连通第Ⅱ级流道，第Ⅲ级流道则上接第Ⅱ级流道下连出水口。流道截面为矩形且尺寸基本相同，约为1mm×1mm。DL-1型滴灌带的所有流道均采用直线型，且第Ⅰ级、第Ⅱ级流道分段独立，第Ⅲ级流道全程贯通；DL-2型滴灌带的流道采用迷宫型与直线型相组合的复合结构，每级流道均是全程贯通，相邻级的流道通过固定间距的通水口连通。

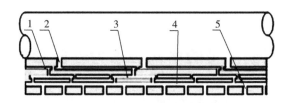

1-Ⅰ级直流道　2-Ⅰ级进水口　3-Ⅱ级流道

4-Ⅲ级流道　5-出水口

图 3-1　DL-1 型滴灌带示意

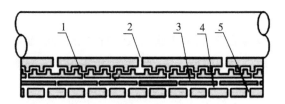

1-Ⅰ级迷宫流道　2-Ⅰ级进水口　3-Ⅱ级流道

4-Ⅲ级流道　5-出水口

图 3-2　DL-2 型滴灌带示意

3.1.1.2　技术指标

　　DL-1 型滴灌带用三级直流道消能，DL-2 型滴灌带用迷宫流道和直流道相组合的复合型流道消能，由于各自的流道结构、连接方式和消能长度的不同，二者有着不同配水效果和滴水流量，DL-1 型和 DL-2 型设计工作压力均为 100kPa，其他设计指标如表 3-1 所示。

表 3-1　DL-1 型和 DL-2 型滴灌带设计技术指标

产品型号	规格（mm）	壁厚（mm）	流道形状和组合方式	进水口间距（cm）	出水口间距（cm）	单出水口流量（L/h）	重量（g/m）	备注
DL-1	16	0.25	直线型	80	20	1.80	13	分段连通
DL-2			迷宫+直线型			1.00	13	全程贯通

3.1.2　试验目的、仪器设备、试验材料与测试内容

3.1.2.1　试验目的

通过试验观测出 DL-1 型和 DL-2 型两种滴灌带在"正常"和"受堵"两种状态下的出水口滴水流量及压力等一系列数据，计算其流量压力关系及流量偏差系数等水力性能指标，重点研究在各级流道某一点发生堵塞时，下游受影响的流道或出水口之间的水量变化规律，分析不同的流道结构对堵塞产生的不同效果，为流道结构设计提供技术资料。

3.1.2.2　仪器设备

流量计、过滤器、精密压力表（0.4 级）、量筒（100mL）、秒表、量杯、温度计、弹性夹等。

3.1.2.3　试验材料

DL-1 型直流道滴灌带和 DL-2 型复合流道滴灌带各 2 条，每条长度 50m；堵头；滴灌带卡箍；接头；生料带；循环过滤处理后的清水。

3.1.2.4　测试内容

（1）测定 DL-1 型和 DL-2 型滴灌带的压力—流量关系。

（2）测定 DL-1 型和 DL-2 型滴灌带在每一级流道某一点完全堵塞时，对下游出水口滴水量的影响规律。

3.1.3　试验方案设计

试验是在"正常状态"和"堵塞状态"的两种情况下进行，通过重复试验和分析比较的方法研究流道类型、结构对各出水口流量、滴水均匀度等水力性能

的影响。试验中的"堵塞状态"不是因流道内水体含有固体杂质、微生物积累而引起的物理、化学和生物堵塞，而是采用人工控制模拟堵塞，即利用一定的手段和工具使流道堵死，达到完全堵塞效果。

试验场地选在中国农业科学院农田灌溉研究所水力试验大厅，其水源为200目过滤器过滤处理后的循环池水。选定 DL-1 型和 DL-2 型滴灌带各 2 条，选取样品长度均为 50m，并在滴灌带水力性能测试台上一次性安装成型，测试顺序按 DL-1 型和 DL-2 型滴灌带依次进行。测试时，首先测定"正常状态"下不同压力（50~150kPa）时出水口滴水量，然后对第 I 级流道、第 II 级流道和第 III 级流道分别采用模拟堵塞试验。试验过程中，每隔30min 进行定时测量水温，以便能把各次测试数据进行修正。整个试验数据测试完成后，再随机选择每种型号中的任一条滴灌带的测量数据进行压力、流量和出水均匀度等水力性能的计算和分析。

3.1.3.1 流量压力关系试验

取被测 DL-1 型和 DL-2 型滴灌带试样上的各 25 个出水口为试验单元，在一定压力下测试每个出水口的单口滴水量，为减小试验过程中由于各种因素引起的测量误差，出水口流量测试重复 3 次，每次测试滴水时间为3min，取其平均值作为最终的试验值，并依此计算流量制造偏差系数。然后根据所测的 25 个出水口流量数据，按从小到大的顺序对出水口进行编号，从 25 个编号的出水口中再分别选出 3 号、12 号、13 号和 23 号，在 50~150 kPa 的工作压力范围内按由小到大的顺序，均匀选取 10 个压力点，测试各出水口的流量和压力数据，各个压力点的数据依然连续重复 3 次，并取其平均值来分析，再按指数模型回归出压力流量关系式。

3.1.3.2 模拟堵塞试验

从结构上分析，DL-2 型滴灌带的特点是采用全贯通式流道结构，即每级贯通，上下两级多点贯通，从理论上分析相邻流道之间流量可以互补。堵塞试验的目的是验证上述互补的效果，试验的方法如下：分别从已被测试 DL-1 型和 DL-2 型滴灌带选定 12 个相邻出水口并且包含在 3 个进水口控制的范围内，出水口编号为 1、2、……、11、12，进水口编号为①、②、③，为了便于对比，选择对各级流道中最能明显影响编号为 4、5、6 的出水口的出流效果的最不利位置点作为堵塞点。先测出正常状态下的 DL-1 型和 DL-2 型两种滴灌带的每个出水口滴水量，然后分别对第Ⅰ、第Ⅱ和第Ⅲ级流道按顺序进行堵塞测试，试验采用人工控制的模拟堵塞方式。图3-3和图3-4分别为DL-1型和DL-2型滴灌带的第Ⅰ级流道堵塞位置示意图。

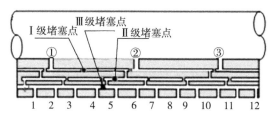

图3-3　DL-1型堵塞位置示意

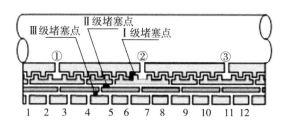

图3-4　DL-2型堵塞位置示意

3.1.4　试验数据分析

3.1.4.1　两种滴灌带压力—流量关系

按照流量均匀性试验的设计方案，测试平均流量，计算流量偏差系数；对压力和流量数据进行回归分析，得出二者关系式和曲线，如图3-5和图3-6所示。

从图3-5和图3-6可以看出：滴灌带DL-2型比DL-1型的流量和流态指数较小，这说明在相同的流道断面下，不同的流道结构设计对出水口流量和流态指数产生较大的影响。显然DL-1型滴灌带流道为三级直流道，其消能效果与DL-2型迷宫复合流道比差别较大，使得DL-1型的流量明显大于DL-2型，并且流态指数偏大。

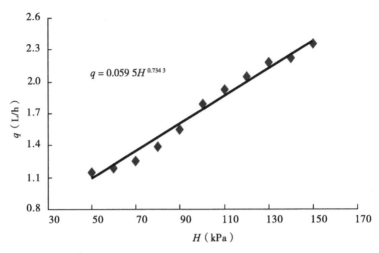

图 3-5　DL-1 型压力—流量关系曲线

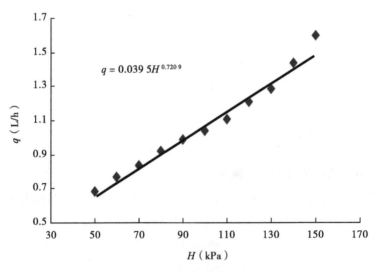

图 3-6　DL-2 型压力—流量关系曲线

3.1.4.2　堵塞时各出水口流量变化规律分析

按试验设计方案，仅对 DL-1 型和 DL-2 型滴灌带各 12 个出水口流量进行观测，分别测出各个出水口在正常状态和堵塞状态下的滴水量数据，并且计算因堵塞减少的流量相对于正常流量的百分率即表 3-2 中的减少率，测量时工作压力为 100kPa。从 DL-1 型和 DL-2 型滴灌带在各级流道通畅的正常状态下，各出水口的出水均匀度较高，经计算，两种型号滴灌带产品的出水口流量偏差 C_v 均小于 7%。在不同级流道受堵时的流量减少率数据，如表 3-2 所示：第一，DL-2 型滴灌带采用全程贯通流道，其具有明显的流量互补效果，即当流道某一点堵塞时，相邻流道可以提供部分水给堵塞点出水口。如Ⅲ级流道堵塞时，流量减少率仅为 30%，基本上不影响灌溉效果。第二，第Ⅰ级流道堵塞影响出水口数较多，为 6~7 个，流量减少率较高，最高达 80% 以上，第Ⅲ级堵塞影响较小，出水口个数 3~4 个，减少率 70% 以下，第Ⅱ级堵塞其影响介于两者之间。第三，当Ⅱ或Ⅲ级流道堵塞时，邻近个别出水口的流量可能增加，如表 3-2 所示，其流量减少率为负值，但其增幅有限。

表 3-2 各级流道堵塞前后出水口滴水量减少率

进水口编号	出水口编号	DL-1 型							DL-2 型						
		正常流量(L/h)	Ⅰ级堵塞		Ⅱ级堵塞		Ⅲ级堵塞		正常流量(L/h)	Ⅰ级堵塞		Ⅱ级堵塞		Ⅲ级堵塞	
			流量(L/h)	减少率(%)	流量(L/h)	减少率(%)	流量(L/h)	减少率(%)		流量(L/h)	减少率(%)	流量(L/h)	减少率(%)	流量(L/h)	减少率(%)
①	1	1.78	1.78	0	1.78	0	1.78	0	1.07	1.08	0	1.08	0	1.07	0
	2	1.82	1.61	11.5	1.76	3.3	1.61	11.5	1.04	1.04	0	1.02	0	1.04	0
	3	1.81	1.21	33.1	1.40	22.7	1.24	31.5	1.04	0.75	27.9	0.75	27.9	0.95	8.7
	4	1.76	0.57	67.6	0.32	81.8	0.56	68.2	1.01	0.42	58.4	0.58	42.6	0.70	30.7
②	5	1.77	0.20	88.7	0.60	66.1	1.93	-9.0	0.98	0.21	78.6	0.60	38.8	0.99	-1
	6	1.84	0.15	91.8	1.71	7.1	1.86		1.09	0.25	77.1	0.95	12.8	1.09	0
	7	1.84	0.60	67.4	2.01	-8.2	1.84	0	1.06	0.44	58.5	1.05	0	1.05	0
	8	1.79	1.60	10.6	1.81	0	1.79	0	1.03	0.80	22.3	1.03	0	1.03	0
③	9	1.81	1.80	0	1.80	0	1.80	0	0.99	1.00	0	1.00	0	0.99	0
	10	1.80	1.80	0	1.80	0	1.80	0	1.02	1.02	0	1.02	0	1.02	0
	11	1.75	1.75	0	1.75	0	1.75	0	1.08	1.08	0	1.08	0	1.08	0
	12	1.77	1.77	0	1.78	0	1.77	0	1.05	1.07	0	1.07	0	1.07	0

3.1.5 结 论

（1）DL-2型滴灌带和DL-1型比较，其流量和流态指数均较小，这说明在相同的流道断面，相同的出水口间距条件下，不同的流道结构设计对出水口流量和流态指数产生较大的影响。另外，多级流道结构滴灌带堵塞时，其相邻流道或通水口具有流量互补效果，单级流道结构滴灌带则没有此特点。

（2）采用全程贯通式多级流道结构时，其相邻流道或出水口之间流量互补效果较好。即使流道的某点完全堵塞出水口也能有一定出水量。

（3）Ⅰ级流道堵塞影响范围较大、流量减少率最高，Ⅱ级次之。因此，设计时宜适当加大上游流道断面尺寸，提高抗堵性能。

（4）迷宫流道的消能效果明显大于直流道，设计小流量滴灌带宜采用迷宫流道。

3.2 不同过滤条件下堵塞滴灌带的泥沙颗粒分布规律试验

前面讲过灌水器堵塞的原因主要有：物理因素、化学因素和生物因素。物理堵塞主要是指灌溉水中的有机或无机杂质颗粒，随水流进入微灌系统中，被截留或沉积在灌水器流道内所造成的堵塞。物理堵塞最为常见的堵塞因素是泥沙颗粒堵塞[104-105]，它不仅可以堵塞灌水器流道，同样也会对过滤器过滤介质产生堵塞，使过滤器失去过滤功能，因此泥沙颗粒堵塞通常被称为危害最大堵塞因素。表3-3是泥沙颗粒的尺寸数据。

表3-3 不同类型泥沙颗粒的尺寸

泥沙颗粒	直径（μm）	泥沙颗粒	直径（μm）
砂粒	200~2 000	粉沙	2~50
细沙	50~200	黏土	<2

从表 3-3 中可以看出砂粒的粒径较大，会对灌水器流道产生直接截留堵塞，它是不允许进入微灌系统的，细沙的尺寸在 $50 \sim 200\mu m$，一般认为较大尺寸的颗粒（$100\mu m$ 以上）是不允许进入微灌系统。考虑过滤成本和能耗等因素限制，尺寸较小的细沙（$100\mu m$ 以下）以及更微小的粉沙、黏土颗粒是可以进入微灌系统，但其数量不宜过大，否则容易发生沉积形成渐变堵塞。

本试验是对新疆地区棉花膜下滴灌用滴灌带的泥沙颗粒堵塞试验，目的是寻找造成滴灌带堵塞的泥沙颗粒堵塞规律。赵红书[106] 针对南疆巴音郭楞蒙古自治州（以下简称巴州）地区棉花膜下滴灌的筛网过滤条件开展了类似研究，本研究为了验证砂石过滤器的过滤效果，分别在阿克苏和石河子两个地区提取了样品进行了分析，并和筛网过滤器样品测试结果进行了比较。它为下一步泥沙过滤试验提供理论参考，同时可供技术人员在实际应用中参考，用以确定微灌用过滤器的过滤精度以及选择微灌系统用过滤材料。

3.2.1 研究方法

试验的主要目的：通过对现有微灌工程已经用过的滴灌带堵塞情况进行调查测试，研究分析不同水处理条件下滴灌带情况及不同粒径泥沙颗粒沿滴管带的沉积规律。本试验的基本方法是，首先针对不同的过滤条件收集一定数量的、新疆地区棉花膜下滴灌已经使用过的滴灌带，然后对这些滴灌带进行解剖，测定其输水管道和配水流道内沉积的泥沙颗粒样本的尺寸大小及分布情况，最后是总结出泥沙颗粒堵塞滴灌带的基本规律。

试验方法：将长度为 50m 的滴灌带，从进口端平均分成 5 段，利用刷子取出沉积在滴灌带内的泥沙颗粒，然后采用 BT-9300H 激光粒度仪测定不同样品的泥沙颗粒粒度分布数据。

试验用滴灌带样品分别在新疆库尔勒市巴州灌溉试验站、阿克苏红旗农场、兵团 26 团和兵团 144 团 5 个微灌工程提取，其滴灌系统分别采用了 5 种不同的过滤方式，其中兵团 26 团所取滴灌带样品已经发生了堵塞。取样过程与滴灌工程基本情况见表 3-4。

表3-4　5种堵塞不明显滴灌带试验样品的使用条件

取样时间	取样地点	水源	过滤器方式	过滤材料
2010 年 8 月	阿克苏红旗农场	井水	离心+砂石	石英砂
2010 年 8 月	兵团 144 团	雪融渠水	砂石+筛网	石英砂+120 目筛网
2010 年 8 月	兵团 26 团	渠水	离心+筛网	120 目筛网
2008 年 11 月	巴州灌溉试验站	水库水	沉淀池+筛网	120 目筛网
2008 年 11 月	巴州灌溉试验站	水库水	两级筛网	100 目筛网+120 目筛网

3.2.2　试验结果与分析

现对 5 种水处理条件下的滴灌带内部泥沙颗粒进行颗粒分析，其结果如表 3-5 至表 3-9 所示。表中分别对 5 段滴灌带内采集到的沉积的泥沙颗粒进行颗粒粒度分析，选取典型的泥沙颗粒体积百分比分别为 50%、75%、90% 和 98%，用 $D50$、$D75$、$D90$ 和 $D98$ 分别表示对应百分比所对应的泥沙颗粒粒径值，单位为微米。即 D98 表示的是泥沙颗粒的体积百分比为 98% 时所对应的泥沙颗粒粒径值。

表3-5　离心+砂石过滤器的滴灌系统

颗粒位置	$D50$ （μm）	$D75$ （μm）	$D90$ （μm）	$D98$ （μm）
第一段	50.4	80.4	106.2	151.2
第二段	62.8	83.2	116.1	162.0
第三段	62.2	87.6	120.5	169.3
第四段	65.3	85.8	115.5	161.5
第五段	61.2	82.3	113.5	149.3

表3-6　筛网+砂石过滤器的滴灌系统

颗粒位置	$D50$ （μm）	$D75$ （μm）	$D90$ （μm）	$D98$ （μm）
第一段	36.9	63.3	90.5	102.5

（续表）

颗粒位置	D50（μm）	D75（μm）	D90（μm）	D98（μm）
第二段	45.9	70.4	83.6	109.6
第三段	41.8	70.7	95.6	120.4
第四段	26.4	72.6	99.3	111.5
第五段	30.8	68.7	93.7	104.6

表 3-7　离心+筛网过滤器的滴灌系统

颗粒位置	D50（μm）	D75（μm）	D90（μm）	D98（μm）
第一段	174.2	232.3	275.3	298.4
第二段	110.3	220.6	282.1	322.0
第三段	168.5	236.3	266.2	303.0
第四段	145.7	223.9	242.8	293.7
第五段	111.6	203.2	243.4	283.5

表 3-8　沉淀池+筛网过滤器的地表水滴灌

颗粒位置	D50（μm）	D75（μm）	D90（μm）	D98（μm）
第一段	6.16	9.46	12.56	16.61
第二段	6.72	10.44	13.48	19.60
第三段	6.81	10.73	15.71	30.43
第四段	7.87	12.67	19.52	31.50
第五段	7.04	10.58	13.75	18.10

表 3-9　两级筛网过滤器的地表水滴灌

颗粒位置	D50（μm）	D75（μm）	D90（μm）	D98（μm）
第一段	13.56	21.26	26.96	32.70
第二段	18.33	30.07	40.73	54.33
第三段	26.06	39.51	52.42	71.01
第四段	15.45	41.02	58.17	63.53
第五段	13.05	22.07	28.07	33.74

从表 3-5 可以看出新疆地区井水的含沙量较大，采用离心+砂石过滤器组合是新疆膜下滴灌常见的过滤方式，但是从此样品的泥沙颗粒分析可以看出其滤除较大粒径沙粒的效果欠佳，仍然有粒径大于 160μm 颗粒进入微灌系统，这些沙粒对滴灌带产生堵塞的危险较大。为了弄清其原因现场查看了过滤器的结构及石英砂滤料的规格和型号，检查发现该砂石过滤器为卧式过滤器，过滤流量为 100m³/h。使用的石英砂滤料粒径组合为 1.40~5.00mm，此滤料的过滤精度在 200~300μm，显然其过滤效果不佳。

从表 3-6 可以看出，其过滤精度基本在 125μm 以内，而 120 目筛网的孔径尺寸约为 125μm，说明筛网过滤器起到了拦截较大尺寸的泥沙颗粒的功效，同时还可以看出在接近 D100 时仍然有大于 125μm 的颗粒存在，可能是一些棒状或线状颗粒穿过了筛网进入微灌系统，这些颗粒在激光粒度仪上显示的尺寸有可能大于筛网的孔径值。

表 3-7 所选取的滴灌带样品是专门选择的发生了严重堵塞微灌系统，调查发现该系统的过滤器设计不合理和运行管理不善是造成系统堵塞的主要原因。具体的原因是离心式过滤器配置的流量偏大，而实际使用的流量偏小这样就造成了离心式过滤器产生的离心力不足，去除沙石颗粒的效果不佳。在管理上由于人工清洗过滤芯的操作失误导致筛网滤芯的破裂，于是就导致过滤器失灵。从表 3-7 可以看出泥沙颗粒粒径 D75 大多数超过了 200μm，从各段 D98 值的对比可发现较大颗粒粒径在第二、第三、第四段沉积，粒径相对较小则沉积在第一、第五段。可能是由于滴灌带进口处流速较大，大颗粒颗粒不容易沉积，

从第二、第三段开始滴灌带内流速逐渐变小，于是较大的沙粒开始沉积，随着时间的推移这些沙粒一部分进入滴灌带流道，一部分则沉积在滴灌带输水管内。

从表 3-8 和表 3-9 可以看出，使用沉淀池水或水库（相当于大沉淀池）水滴灌时，两个不同处理方式的特征粒径 $D98$ 均达不到 $100\mu m$，绝大多数沉积在滴灌带中的颗粒小于 $70\mu m$，并且从整条滴灌带堵塞情况来看，仅产生了轻微的堵塞，这种堵塞基本不影响微灌系统的灌水均匀度。说明利用地表水进行滴灌采用沉淀池是一个较有效去除沙粒的措施，建议较大的微灌工程在有条件时尽量采用沉淀池作为去除泥沙颗粒的设施。对于水库水微灌，当输水渠道较长时渠道内的泥沙可能随水流迁移，这些泥沙同样会带来对滴灌带堵塞的危险，仍然需要在工程首部修建沉淀池或其他处理措施。如果采用管道输水则可以减少泥沙的入侵，可以不修建沉淀池。

对比 5 种灌溉系统的水源和水处理条件可知：一是水源的水质是导致滴灌带堵塞的要素，水质较好时采用的过滤器要求较简单，否则需要采用更复杂的过滤器组合。二是采用沉淀池是去除水中泥沙颗粒的最有效措施，建议有条件时采用该措施。三是砂石过滤器对大颗粒泥沙的过滤效果不是最佳的，它适宜于与筛网过滤器配合使用，它与离心过滤器组合应用效果仍然是有待进一步研究。

分析表 3-5 至表 3-8 中 $D98$ 值的大小发现，泥沙颗粒粒径不同在滴灌带内沉积位置就不同，在滴灌带进水口和末尾段沉积颗粒的 $D98$ 相对较小，而位于中间三段沉积的颗粒粒径较大，表明在这三段中的大颗粒泥沙颗粒沉积的较多，即第二段到第四段是主要的大颗粒沉积区。

3.2.3 试验总结

（1）一方面，水源水质是导致滴灌带堵塞的要素，水质较好时采用的过滤器要求较简单，否则须采用更复杂的过滤器组合。另一方面，采用沉淀池是去除水中泥沙颗粒的最有效措施，建议有条件时采用该措施。

（2）从各分段对比可看出中间位置（第二、第三、第四段）沉积的颗粒粒径较大，进水口和末尾段 $D98$ 较小。可能是由于进口处流速较大，较大颗粒不容易沉积，在第二到第四段滴灌带内流速变小，较大的沙粒克服水力干扰开始沉积下来。

（3）对砂石过滤器使用的砂滤料选择是砂石过滤器过滤精度的关键。此外，较理想的组合式是砂石过滤器与筛网过滤器配合使用。

3.3 微灌均匀度参数关系研究

灌水均匀度参数是表示微灌工程灌水质量的重要指标之一[107]，常用的表示灌水均匀度参数有流量均匀度系数 C_u、流量偏差系数 C_v 和流量偏差率 q_v，三个系数之间的关系式是微灌系统设计和灌水质量评估的基本公式。对灌水均匀度参数研究一直是微灌学科的研究热点之一，早在 1993 年，美国科学家 Barragan 等[108-110]就对灌水均匀度参数进行过深入系统的研究，提出了考虑水头损失和制造偏差情况下，滴灌系统灌水均匀度的计算方法，我国学者张国祥[46]等在 20 世纪 90 年代也做了大量的研究工作，一些研究成果写入了水利部制定的微灌工程技术规范标准。近年来相关的研究一直在继续，西北农林科技大学的牛文全在综合考虑制造偏差、水力偏差和地面偏差三个因素条件下，推导出了不同偏差影响下的流量偏差率计算公式[111]。随着微灌技术的不断发展相应的研究工作仍将继续。

全补偿微灌系统是近几年出现的一种新型微灌系统[112]，它的基本特征是系统中各个灌水器出流量不受水力要素和地形变化影响，仅与灌水器的制造偏差有关。这种全补偿微灌系统简化了工程设计程序，降低了工程成本，并且更有利于实现自动控制管理。近几年来在我国的生产实际中，由于补偿式灌水器和流量调节器等补偿设备的成功开发与应用，全补偿微灌系统已形成成熟的应用模式，应用规模也在逐年增加。对全补偿微灌系统灌水均匀度参数进行的研究较少，郑耀泉等[27]采用随机模拟研究方法，提出的 C_u—C_v 关系式，翟国亮针对补偿式灌水器的流量偏差系数开展了研究[113]，提出了 C_v 的大小与测试的压力有关的观点，并提出了补偿区间的确定方法[114]。本部分采用数理统计学方差估计理论[115]，对全补偿微灌系统条件下 C_u—C_v 的基本关系式进行了理论推导验证，并对 q_v 和 C_u 之间关系规律进行了探讨。

3.3.1 C_u、C_v 和 q_v 的计算方法

（1）Christiansen 均匀度系数公式：

$$C_u = 1 - \frac{\Delta \bar{q}}{\bar{q}} \tag{3.1}$$

$$\bar{q} = \frac{1}{n} \sum_{i=1}^{n} q_i \tag{3.2}$$

$$\Delta \bar{q} = \frac{1}{n} \sum_{i=1}^{n} | q_i - \bar{q} | \tag{3.3}$$

式中，q_i 为每个灌水器的流量；n 为测定的灌水器个数。

一般来说 Christiansen 公式常用于表示点水源灌水器流量均匀度。

（2）流量偏差系数 C_v 计算式：

$$C_v = \frac{S}{\bar{q}} \tag{3.4}$$

式中，S 为均方差。

$$S = \sqrt{\frac{1}{n-1} \sum_{i=1}^{n} (q_i - \bar{q})^2}$$

流量偏差率 q_v 的计算式为

$$q_v = \frac{q_{\max} - q_{\min}}{q_{\max}} \tag{3.5}$$

式中，$q_{\max}$、$q_{\min}$ 分别为 q_i 的最大、最小流量值。

3.3.2 C_v 和 C_u 之间的关系式推导

微灌系统是一种小流量、无数个点水源同时向每棵作物供水的灌溉系统，单个轮灌小区内就有成千上万个灌水器同时工作，现假定各个灌水器流量（q_1，q_2，q_3，…，q_n）是正态分布整体 N（$\bar{q}$，σ^2）的一个样本，由数理统计学方差估计理论知道，$\hat{\sigma}$ 可以作为 σ 的无偏估计值，于是有式（3.6）。

$$\hat{\sigma} = \frac{1}{\sqrt{n(n-1)}} \sqrt{\frac{\pi}{2}} \sum_{i=1}^{n} | q_i - \bar{q} | \tag{3.6}$$

式 (3.6) 的证明过程如下：

$$q_i - \bar{q} = (1 - \frac{1}{n})q_i - \frac{1}{n}\sum_{j=1, j\neq 1}^{n} q_j$$

$\because q_i, q_2, q_3, \ldots, q_n$ 相互独立，服从 $N(q, \sigma^2)$，且 $q_i - \bar{q} = N(0, \frac{n^2-n}{n^2}\sigma^2)$

$\therefore E(|q_i - \bar{q}_i|) = \sqrt{\frac{2}{\pi}}\frac{\sqrt{n(n-1)}}{n}\sigma$

于是有 $E(\dfrac{1}{\sqrt{n(n-1)}}\sqrt{\dfrac{\pi}{2}}\sum_{i=1}^{n}|q_i - \bar{q}|) = \dfrac{1}{\sqrt{n(n-1)}}\sqrt{\dfrac{\pi}{2}}E(\sum_{i=1}^{n}|q_i - \bar{q}|)$

$= \dfrac{1}{\sqrt{n(n-1)}}\sqrt{\dfrac{\pi}{2}} \times n \times \sqrt{\dfrac{2}{\pi}}\dfrac{\sqrt{n(n-1)}}{n}\sigma = \sigma$

故式 (3.6) 成立。

由于 S 平方是 σ 平方的无偏估计量，所以可用 S 来估计 σ，于是得出式 (3.7)：

$$S = \hat{\sigma} = \sqrt{\frac{n}{n-1}}\frac{1}{n}\sqrt{\frac{\pi}{2}}\sum_{i=1}^{n}|q_i - \bar{q}| \tag{3.7}$$

将式 (3.7) 代入式 (3.3) 可得式 (3.8)：

$$C_v = \sqrt{\frac{n}{n-1}}\frac{1}{n\bar{q}}\sqrt{\frac{\pi}{2}}\sum_{i=1}^{n}|q_i - \bar{q}| \tag{3.8}$$

式 (3.8) 可转换为式 (3.9)：

$$\frac{1}{n}\sum_{i=1}^{n}|q_i - \bar{q}| = \sqrt{\frac{n-1}{n}}\sqrt{\frac{2}{\pi}}\bar{q}C_v \tag{3.9}$$

联立式 (3.1)、式 (3.2)、式 (3.3)、式 (3.9) 可得式 (3.10)：

$$C_u = 1 - \sqrt{\frac{n-1}{n}}\sqrt{\frac{2}{\pi}}C_v \tag{3.10}$$

当 n 值较大时可简化为式 (3.11)：

$$C_u = 1 - 0.8C_v \tag{3.11}$$

式 (3.10)、式 (3.11) 即为采用统计理论推导出来的 C_v、C_u 之间的关系式，下面采用随机数字模拟方法对它进行验证。

3.3.3 关系式验证与比较

3.3.3.1 验证方法

随机数字模拟验证方法是：首先选定 3 个灌水器流量均值 $\bar{q}$，6 个流量偏差率 C_{v0} 共计 18 对参数要素（模拟灌水器厂家提供给用户的流量均值和流量制造偏差系数），每对参数要素对应地生成服从正态分布 $N(\bar{q}, S^2)$ 的 50 个随机数，用这些数字来模拟全补偿微灌系统 50 个灌水器的出流量，对这 50 个数字统计分析，进而验证式（3.10）的正确性。

由于模拟灌水器的流量数据服从于正态分布，于是有式（3.12）：

$$S = C_{v0} \cdot \bar{q} \qquad (3.12)$$

式中，S 为灌水器流量方差值；C_{v0} 为偏差系数。

把灌水器的流量作为服从正态分布 $N(\bar{q}, S^2)$ 随机变量，选定流量均值 $\bar{q}$（分别为 10L/h、50L/h、100L/h 三个级别）和偏差系数 C_{v0}（分别为 6%、8%、10%、12%、14%、16%六个）后，通过计算机模拟生成 18 个（表 3-10）包含 50 个样本的数字集合，用它模拟同方差、等均值的全补偿微灌系统的 50 个灌水器流量值。由数理统计学原理知，这些数字集合仍服从正态分布。分别计算出 18 个数字集合的 C_v、C_u 和 q_v 值，列入表 3-11 中，并且回归出经验公式，然后根据经验公式来比较、验证式（3.10）的正确性。

表 3-10　模拟参数的设定

$\bar{q}$ (L/h)	S					
	$C_{v0} = 6\%$	$C_{v0} = 8\%$	$C_{v0} = 10\%$	$C_{v0} = 12\%$	$C_{v0} = 14\%$	$C_{v0} = 16\%$
10	0.6	0.8	1.0	1.2	1.4	1.6
50	3.0	4.0	5.0	6.0	7.0	8.0
100	6.0	8.0	10.0	12.0	14.0	16.0

表 3-11　根据模拟随机数字统计的 C_v、C_u 和 q_v 结果

母体均值 $\bar{q}$	项目	$C_{v0}=6\%$	$C_{v0}=8\%$	$C_{v0}=10\%$	$C_{v0}=12\%$	$C_{v0}=14\%$	$C_{v0}=16\%$
10L/h	$\bar{q}$ (L/h)	9.92	10.09	9.85	10.06	10.01	10.28
	q_v (%)	22.65	27.17	28.33	39.98	45.12	68.66
	C_u (%)	94.76	93.29	93.11	90.89	88.92	86.08
	C_v (%)	6.27	7.95	8.42	11.13	13.95	18.02
50L/h	$\bar{q}$ (L/h)	49.80	50.00	49.84	49.27	49.17	49.45
	q_v (%)	23.42	25.86	41.33	47.74	56.84	53.36
	C_u (%)	95.12	93.85	91.20	90.76	87.34	87.25
	C_v (%)	6.10	7.18	10.97	11.59	15.98	15.87
100L/h	$\bar{q}$ (L/h)	102.07	98.81	98.48	99.55	99.72	99.60
	q_v (%)	21.42	28.74	41.98	36.87	42.97	56.75
	C_u (%)	96.32	93.34	92.05	90.47	89.70	85.07
	C_v (%)	4.67	8.17	10.24	11.57	12.75	18.34

3.3.3.2　关系式的验证

对表 3-11 中的 18 组 C_{v0} 与 C_u 值进行回归计算，得出 C_{v0} 与 C_u 关系式 (3.13)，同样对 18 组 C_v 与 C_u 值进行回归，得出 C_v 与 C_u 关系式 (3.14)。

$$C_u = 1.002 - 0.847 C_{v0} \tag{3.13}$$
$$C_u = 1.000 - 0.780 C_{v0} \tag{3.14}$$

式中，C_{v0} 代表母本流量偏差系数；C_v 代表实际模拟流量值计算出的偏差系数。

在上述随机模拟过程中由于生成数据为 50 个，于是有 $n=50$，代入式 (2.10) 得到采用方差估计理论推导出的式 (3.15)。

$$C_u = 1 - 0.79 C_v \tag{3.15}$$

式 (3.14) 是模拟实际流量值通过回归分析得出的反映实际的经验公式；它

可以用来检验式（3.15）的准确性和精度。比较上述几个公式，很显然式（3.15）与式（3.14）非常接近，验证了式（3.10）是可靠的通用公式。

3.3.3.3　计算结果比较

与郑耀泉教授推导的公式 $C_u=1-0.85C_v$ 比较，式（3.10）是采用数理统计学方差估计理论推导出来，虽然有一些假定因素存在，但它仍具有说服力。前者推导的公式是通过上万个随机数字统计计算得来的，在随机数的产生和统计中难免具有一定偏差量。其次两公式的相同点是 C_v、C_u 之间为直线关系，只是它的斜率系数不同，式（3.10）斜率系数极大值为 0.8，明显小于 0.85。另外，式（3.13）与式 $C_u=1-0.85C_v$ 非常相似，说明两者的导出具有相似的步骤。最后，为了更加明确说明问题现取不同的 3 个 C_v 值，用式（3.13）、式（3.14）、式（3.15）和郑耀泉公式分别计算 C_u 值，计算结果见表 3-12。

表 3-12　不同 C_v、C_u 关系式计算结果比较

C_v（%）	C_u			
	式（3.10）或式（3.15）	式（3.13）	式（3.14）	郑耀泉公式
5	96.1	96.0	96.1	95.8
10	92.1	91.7	92.2	91.5
15	88.2	87.5	88.3	87.3

比较表 3-12 中数据可以看出：C_v 和 C_u 之间关系式（3.10）或式（3.15）的计算结果最接近模拟关系式（3.14），误差控制在千分位数；式（3.13）和郑耀泉公式计算结果相差不大，但与式（3.14）差距较明显，大约在百分位数。由此，可以证明式（3.10）的计算结果更加精确可靠。

3.3.4　q_v 和 C_v、C_u 之间的关系分析

在《微灌工程技术指南》和《微灌工程技术规范》（SL 103—95）中，对流量偏差率 q_v 和均匀度系数 C_u 具有明确的规定：$q_v<20\%$，$C_u>80\%$，对于全补偿微灌系统灌水均匀度参数来讲，q_v 和 C_u 之间是密切相关，上述 q_v 和 C_u 值的规定是否正确是值得研究的。另外，我国的微灌灌水器标准明确规定了制造流量偏差

率 C_v 的合格标准为10%，它同样限制着 q_v 和 C_u 标准值的制定，为此必须研究三者之间的关系。下面对 q_v 和 C_u 之间的关系进行分析。

如图3-7和图3-8所示，对表3-11中18组 q_v 与 C_u 值按平均流量分成3条折线对应地放在图中，可以看出 q_v 与 C_u 大致成反比例直线关系，这些点集中在一个斜三角形区域内。当流量偏差率 q_v ＜30%或 C_u ＞92%时，q_v 与 C_u 的关系密切近似直线；相反地当 q_v ＞30%或 C_u ＜92%以后，q_v 与 C_u 对应坐标点开始分散，说明 q_v 与 C_u 关系不确定性增加。由于 C_v — C_u 为直线关系，可以推断 q_v — C_v 关系趋势线与图3-7基本相类似。显然对于全补偿微灌系统的灌水均匀度参数设计，应该控制在 q_v ＜30%或 C_u ＞92%范围内较为合理，规范中的 q_v ＜20%和 C_u ＞80%规定是不适合的。

综上分析，必须研究 q_v ＜30%或 C_u ＞92%范围内 q_v 与 C_u 的关系。再对图3-7中 q_v ＜30%或 C_u ＞92%范围内的7对（q_{vi}，C_{ui}）数据进行回归分析，得出图3-8关系直线和式（3.16）。

$$C_u = 104 - 0.39 q_v \tag{3.16}$$

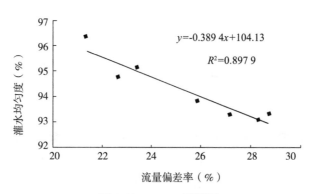

图 3-7　q_v — C_u 折线图

3.3.5　公式应用示例

某微灌系统采用全补偿灌水器，其流量均值为10L/h，流量制造偏差系数为8%，试估算该全补偿系统的灌水均匀度系数和流量偏差率的大小，并判断该微

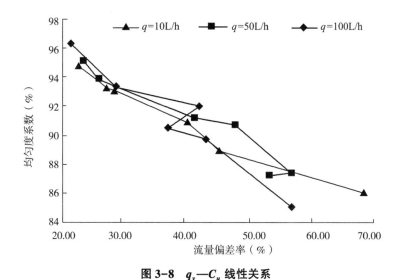

图 3-8 q_v—C_u 线性关系

灌系统是否满足水利行业标准要求。

首先，根据水利行业规范《微灌工程技术规范》（SL 103—95）[116]中 3.0.11 条款规定："灌水均匀系数不低于 0.8"；其 3.0.9 条款又规定，灌水器流量偏差率应不大于 20%。由式（3.11）可以计算出微灌灌水均匀度为 93.6%；由式（3.16）计算出其流量偏差率为 26.7%。比照规范可以看出上述计算的均匀系数 93.6%，大于 0.8，可认定该系统满足 3.0.11 条款的指标要求。而微灌系统的流量偏差率为 26.7%，大于 20%，可认定该微灌系统不满足 3.0.9 条款的指标要求。很明显规范的 3.0.11 条款和 3.0.9 条款存在着实质上矛盾，无法对系统是否符合规范作出定论。本研究结果可供《微灌工程技术规范》（SL 103—95）修订参考。

3.3.6 结束语

本研究首先运用数理统计学方差估计理论推导出了全补偿微灌系统的 C_u 和 C_v 之间的关系式，并采用随机数字模拟方法对所建立公式进行了验证分析；其次，探讨了 q_v 和 C_u 之间的关系规律；最后通过示例说明了该公式的运用价值。

上述研究结果，为微灌工程设计参数的确定提供了计算方法，同时也为微灌工程的验收评价和补偿式灌水器的制造和质量检验等提供了理论依据。

3.4 微灌对水质与过滤性能的要求

3.4.1 对水质的要求

微灌设备在选择过滤器时首先要对灌溉用水的水质进行评价，必要时要进行较细致的化验分析，在实际生产应用中，人们总结出了各种各样的微灌水质评估标准，目前这些标准也被广泛地应用于我国的微灌工程中。下面是国际上通用的几个标准介绍。

3.4.1.1 BUCKS 的水质标准

20 世纪 70 年代，美国学者 Bucks 和 Gilbert 等对微灌的堵塞进行了系统研究，并于 1980 年提出了表明微灌系统中水质与堵塞状况的分类方法[117-118]，这种方法被世界各国广泛采用。具体内容详见表 3-13。

表 3-13 微灌堵塞程度的水质指标

类别	项目	轻	中	严重
物理因素	悬浮固形物（mg/L）	<50	50~100	>100
化学因素	pH 值	<7.0	7.0~8.0	>8.0
	溶解物（mg/L）	<500	500~2 000	>2 000
	锰（mg/L）	<0.1	0.1~1.5	>1.5
	全部铁（mg/L）	<0.2	0.2~1.5	>1.5
	硫化氢（mg/L）	<0.2	0.2~2.0	>2.0
生物因素	细菌含量（个/mL）	<10 000	10 000~50 000	>50 000

3.4.1.2 分级法

在以色列等国家，微灌设备生产商在工程应用中还提出了另一种表示水质状况的方法，称为分级法。即将水的物理、化学、生物特性划分成 10 个不同等级，如表 3-14 所示。0-0-0 级表示水质非常好，10-10-10 级表示水质极差。

该分级法是在 BUCKS 分级指标基础上提出的，它的特点是仅考虑固体颗粒含量、溶解物含量、铁锰离子含量和细菌个数 4 个指标，这 4 个指标综合了物理堵塞、化学堵塞和生物堵塞的诸多要素，简化了对微灌水质评价的指标数量，在实际应用中更便于操作。

表 3-14 微灌水质分级

水质级别	无机悬浮固形物含量（mg/L）	化学物质含量		细菌含量（个/mL）
		溶解物（mg/L）	铁和/或锰（mg/L）	
0-0-0	<10	<100	<0.1	<100
1-1-1	10~20	100~200	0.1~0.2	100~1 000
2-2-2	20~30	200~300	0.2~0.3	1 000~2 000
3-3-3	30~40	300~400	0.3~0.4	2 000~3 000
4-4-4	40~50	400~500	0.4~0.5	3 000~4 000
5-5-5	50~60	500~600	0.5~0.6	4 000~5 000
6-6-6	60~80	600~800	0.6~0.7	5 000~10 000
7-7-7	80~100	800~1 000	0.7~0.8	10 000~20 000
8-8-8	100~120	1 000~1 200	0.8~0.9	20 000~30 000
9-9-9	120~140	1 200~1 400	0.9~1.0	30 000~40 000
10-10-10	>140	>1 400	>1.0	>40 000

3.4.1.3 分析评价法

微灌水质分析评价详见表 3-15。

表 3-15 微灌水质分析评价

因素	分析评价			处理方法
	好水质	一般水质	差水质	
悬浮固形物（mg/L）	<20	20~60	>60	沉淀和过滤
沙子（mg/L）	<1	1~5	>5	沉淀和过滤

(续表)

因素	分析评价			处理方法
	好水质	一般水质	差水质	
粉砂土和黏土（mg/L）	<20	20~60	>60	沉淀和过滤
钙颗粒质量分数（mg/L）	<50	50~300	>300	软化、调整 pH 值
铁（mg/L）	<0.1	0.1~0.5	>0.5	氧化和去铁
锰（mg/L）	<0.02	0.02~0.3	>0.3	氧化和去锰
硫化物（mg/L）	<0.01	0.01~0.2	>0.2	氧化和净化
藻类（叶绿素）（mg/L）	<0.3	0.3~0.8	>0.8	处理水源、氯化
浮游生物（details）	<2	2~20	>20	处理水源和过滤
溶解氧（mg/L）	>0.5	0.1~0.5	>0.1	水处理
pH 值	<7.5	7.5~8.5	>8.5	调整 pH 值
磷（mg/L）	<1	1~10	>10	水处理（化肥）
Hetrotropic bacteria 细菌黏液	0	存在	生长	水源净化处理
硫黄菌	0	存在	生长	去硫和净化
铁和锰菌	0	存在	生长	去硫铁和净化
Col. Protozoa 原生动物	0	存在	生长	常规净化
Briozoa	0	存在	生长	净化和过滤
蜗牛和贝类	0	存在	生长	阻止生长
污水 BOD（mg/L）	<10	10~50	>50	污水处理

分析评价法是工程技术人员在实际工作中总结出来的一种评价微灌水质的方法，它是对 Bucks 的评价标准进一步细化，它的特点是把每项指标更加详细精确，它同样把水质划分为三个档次：好、一般、差，并提出了对应的水处理方法。它对微灌水质的定义是：好水质是指没有通过特别的措施就能达到正常过滤要求的水质，即仅需要安装微灌用过滤器就可以进行微灌的水质。一般水质是指只有部分水质因素参数超标，需要进行简单处理即可应用，该水质的部分指标参数超标，需要增加较简便的水质预处理后，就可以用于微灌。差水质是指要求对所有超标参数值进行处理后，才能应用于微灌工程的水质。

3.4.1.4 《微灌工程技术规范》（SL 103—95）对微灌水质评价

我国的微灌专家根据国内微灌技术发展的实际提出了微灌堵塞水质评价标准，制定出了微灌水质评价表（表3-16）。《微灌工程技术规范》（SL 103—95）特别要求：微灌水质应符合《农田灌溉水质标准》（GB 5084—92）[119]的规定；当使用微咸水、再生水等特殊水质进行微灌时，应有论证，应估计灌水器堵塞的可能性，并根据分析结果作相应的水质处理。

该方法是对上述几个方法的总结和借鉴，它结合了我国微灌发展的实际情况和需要，考虑的影响指标更加清晰、更容易测定，它还专门将油渍作为堵塞的因素提了出来，这也是一种创新。该评价方法把不同水质对灌水器的堵塞分为高、中、低三个档次，并提出了相应的指标数据。但该水质评价忽略了生物堵塞因素的影响。

表3-16　微灌堵塞水质评价

水质分析指标	堵塞的可能性		
	低	中	高
悬浮固形物（mg/L）	<50	50~100	>100
硬度（mg/L）	<150	150~300	>300
不溶固体（mg/L）	<500	500~2 000	>2 000
pH 值	5.5~7.0	7.0~8.0	>8.0
Fe 含量（mg/L）	<0.1	0.1~1.5	>1.5
Mn 含量（mg/L）	<0.1	0.1~1.5	>1.5
H_2S 含量（mg/L）	<0.1	0.1~1.0	—
油	不能含有油		

3.4.1.5　关于微灌水质评价的总结

上述几种方法都把悬浮固体物作为水质评价的第一指标，说明悬浮固体物对微灌系统堵塞的重要性，实际应用中我国大多数微灌工程的堵塞均来自悬浮固体颗粒，最严重的是泥沙颗粒堵塞，因为我国微灌工程大多采用的渠水或井水，这些水质泥沙含量均较大。采用水库或池塘水时，一般认为有机物颗粒含量较大，但实际应用中由于取水设施设计不合理或管理不完善，也经常发生池底泥沙被吸入微灌系统的现象。因此就目前来讲微灌堵塞最需要防范的是泥沙颗粒的堵塞。

于是本研究的重点就定为砂滤料对泥沙颗粒过滤试验。

3.4.2 微灌过滤器机理和参数分析

3.4.2.1 微灌过滤的机理

前面讲过水处理行业的过滤机理，微灌过滤与其有相似之处，但它又具有明显的特点，其过滤速度较快，且均在有压力的状态工作，它更注重对较大颗粒的拦截和分离开，一般认为微灌过滤机理有下面的 3 种。

（1）分离或拦截。它是指对于较大的（大于滤层孔隙直径）杂质颗粒，由于其不能穿过滤网、滤芯或过滤介质，通常会被拦截在其表面之上，对于砂过滤器是指这些杂质颗粒被拦截在滤层的表层。

（2）截留。主要指较小（略小于滤层孔隙直径）的颗粒进入了滤料的孔隙内被截留在滤层内部的现象。对于叠片过滤来说，该过程主要是指杂质颗粒穿过了叠片过滤芯的表面在滤芯内部被截留。砂过滤则指杂质进入了砂滤层内部，被截留在滤层多孔介质的窄小通道中。筛网过滤器则不存在机械截留的问题。

（3）吸附。它是指很小（远小于滤层孔隙直径）的杂质颗粒在滤层窄小流道孔隙中穿过时，受到各种力的作用被沉积或黏着在多孔流道边壁上面，或通过分子作用力、电荷力和聚合作用力等吸附在过滤材料表面。一般认为，对于微灌过滤来说，其过滤速度较大，水流动力产生的影响较大，分子作用力、电荷力和聚合作用力等产生的影响较小的，所以在微灌过滤过程中吸附作用影响较小，可以不予考虑。但是对于劣质水微灌来说，这一过滤过程就不能被轻视。

上述观点有待试验数据去证明。

3.4.2.2 过滤参数

（1）过滤速度。

过滤流速是指水流穿过过滤网、滤芯或砂滤层表面之前流速。过滤速度计算方法是通过过滤器的总流量与滤芯有效过滤面积或砂滤层的过滤面积的比值。

$$过滤速度（m/s）= 流量（m^3/s）÷过滤面积（m^2） \tag{3.17}$$

在过滤过程中过滤速度是影响过滤效率的重要因素之一，过滤速度较大时容易造成滤层水头损失较大，滤芯或滤层清洗的频率较高，当然也会降低过滤的效果，如水质浊度、泥沙颗粒含量等指标。过滤速度较小时，可能带来过滤水量的减少，需要增加过滤面积才能满足过流量的要求，于是相应地提高了过滤设备的成本。但是当微灌系统灌水器对水质堵塞非常敏感时，就必须降低过滤速度。

（2）过滤器精度参数。

过滤器精度指标一般用微米或目数来表示。目数是指每英寸[①]长度的筛网所包含的孔眼数量，如 120 目是指筛网上每英寸长度包含有 120 个孔眼。筛网孔眼一般为正方形，其边长即为网孔孔径，孔径的大小不仅与筛网标定的目数相关，同时也与编织筛网所采用的丝线（一般有金属或纤维的两种）直径有关。筛网过滤器、叠片过滤器的目数可以根据筛网目数或叠片滤芯的孔隙尺寸来确定。用微米来表示过滤精度也是常见的指标之一，它比较直观地表示出过滤器截留的杂质颗粒直径的大小，比如可滤除固体颗粒粒径的尺寸为 75μm，进而可以根据灌水器流道尺寸的大小去评价或预测微灌灌水器被堵塞的概率及风险。

对于砂石过滤器的过滤精度，有时也根据滤料颗粒的平均粒径来换算成筛网目数，即参照筛网的孔径大小来标定其对应的目数。当然也可以采用微米来表示过滤精度指标。一般认为砂滤层的流道结构组合为三角形，图 3-9 是 3 个球形滤料颗粒组合形成的孔隙直径计算图，假定滤料颗粒的直径为 RL，则 3 个颗粒组成的孔隙内圆直径 R 有如下关系：

$$R = 0.155RL \tag{3.18}$$

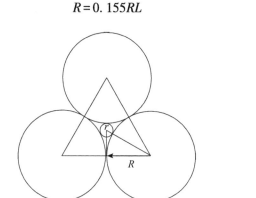

图 3-9　三角形组合时最小孔隙直径示意

---

① 　1 英寸 = 2.54cm，全书同。

需要说明的是三角形组合是最稳定的组合，此时的 R 是最小值，假如滤料颗粒之间是正方形或不规则形状组合，则形成的孔隙要于三角形组合。

为了说明目数和孔隙大小（μm）指标之间的关系，现提供一个对照表供参考（表3-17），需要说明的是不同筛网规格和丝线线径其对应数据是有差异的。

表3-17　目数和孔隙大小在筛网过滤器上的计算值

目数	孔隙的大小（μm）
40	420
60	250
80	177
120	125
140	105
155	100
200	75

（3）砂石过滤器的滤层厚度。

滤层厚度是微灌砂石过滤器的一个重要指标，显然它是指砂滤料堆积的深度。滤层厚度的大小不仅影响过滤效果，同时也影响过滤器的体积和制造成本大小以及滤料用量。国内外许多学者对其进行了一些研究与分析。通常认为滤层在30cm 以上时就可以满足微灌过滤的需要，但是考虑滤层表面容易受水流冲击产生凹凸不平情况，一般认为采用 50cm 厚度较为合理。虽然普遍认同此观点，但从理论上较为系统论证的资料较少，尤其是国内此方面的研究更少，翟国亮在这方面所做的工作虽然相对较多，但一些问题仍然没有找到最合理的答案，还有待进一步的试验研究。

（4）砂石过滤器反冲洗速度与膨胀高度。

对于微灌用过滤器来说，除对水质过滤是其基本功能外，过滤材料的清洗功能优劣是很重要的，原因是微灌过滤的速度较快，反冲洗频率较高，如果滤料无法及时清洗则过滤器同样无法正常工作，因此过滤器反冲洗效果与过滤效果具有同等重要的地位。砂石过滤器一般采用"反冲洗模式"对砂石滤料进行清洗，即当滤层被杂质堵塞后，采用与过滤水流（垂直向下）反方向（垂直向上）的水流冲击滤层，使滤料向上膨胀，于是反向水流夹带着滤层表面及滤层内的杂质颗粒从排污口排到过滤器的外面[120-121]。砂石过滤器的一个最大优点就是易于反冲洗，并且反冲洗效果较好。

关于反冲洗水流速度定义，它与过滤速度定义相类似，是反冲洗流量与滤层过滤面积的比值。反冲洗速度太小就会消耗更多的反冲洗时间和水量，反之，反冲洗速度太大容易将滤料冲洗出过滤器。关于反冲洗水流速度大小，国内外的专家对此分歧很大，董文楚教授根据自己试验，提出滤层的膨胀率为40%左右时，反冲洗速度是最理想的，推荐的反冲洗速度为过滤速度的一半（约为0.011m/s），而《美国国家工程手册》的数据显示，反冲洗参考速度0.015m/s，并提出加大反冲洗速度可以减少反冲洗时间的结论。翟国亮也开展了相关的研究工作，认为反冲洗速度应该是一个范围，在这个范围内都是合理的。于是本试验的反冲洗速度一般选择在0.009~0.017m/s。

反冲洗滤层膨胀高度是指砂滤层在反向水流的冲击下，滤料颗粒上升的最大高度。很显然由于石英砂滤料颗粒是粒径大小不等的，所以在反冲洗过程中粒径较小的滤料颗粒上升的高度最大，这部分滤料颗粒上升的高度减去滤层本身的高度就是滤层膨胀高度。膨胀高度的大小与反冲洗速度有密切关系，速度越大膨胀高度就越高。

（5）砂石过滤器反冲洗频率。

砂石过滤器反冲洗频率大小是根据过滤器滤层的堵塞情况确定。在过滤过程中，随着杂质颗粒在滤层中的沉积，滤层水头损失会逐渐变大，当水头损失达到一定程度时就会引起过滤流量的变化，进而影响微灌系统的正常工作，这时就需要对滤层进行反冲洗操作。不同的水质、不同的过滤设备和不同的微灌系统其反冲洗频率是不同的。工程技术人员在实际操作过程中总结出了一些经验数据。一般认为自动反冲洗砂石过滤器冲洗周期通常不超过3h，人工反冲洗周期不应超过4h。为了量化反冲洗频率指标，一般是根据过滤器的进出口水头损失差值来确定是否应该实施反冲洗，大多数微灌过滤器制造商推荐压差值为3~5m水柱作为反冲洗的临界值。

3.5 小 结

本研究是与过滤试验研究相关的研究工作，其内容如下。

（1）对一种新型滴灌带流道结构的配水补偿功能进行了试验，得出了多级流道结构滴灌带具有流量补偿功能的结论。

（2）通过不同过滤条件下堵塞滴灌带的泥沙颗粒分布规律试验，得出了泥沙粒径在开始段和结束段沉积颗粒的 D98 相对中间段较小，在第二段、第三段和第四段沉积颗粒粒径较大。

（3）运用方差估计理论推导出了全补偿微灌系统的 C_u 和 C_v 关系式，探讨了 q_v 和 C_u 的关系规律，最后通过示例说明了该关系式的运用价值。研究成果为类似的微灌工程设计参数的确定提供了计算方法，同时也为微灌工程的验收评价提供了理论依据。

（4）系统介绍了微灌堵塞水质评价的方法，并对其进行了分析评述，分析了微灌过滤的机理，对过滤器的几个基本参数进行了介绍和说明。

4 基于浊度指标下非均质滤料对泥沙颗粒的过滤与反冲洗试验

关于微灌过滤效果的试验从 20 世纪 70 年代就开始了[122]，刚开始研究的重点是过滤器的结构和形式，对过滤效果的研究仅停留在宏观堵塞上，并且各国、各个研究单位所取得的研究成果相差悬殊，没有形成一个基本共识，所以目前国内外的微灌过滤器标准中均回避了过滤效果指标。我国的过滤器行业或国家标准是借鉴国外资料编译而成，同样没有涉及过滤效果问题。谈到过滤效果评价问题就必须涉及评价指标，不同的过滤目的就需要不同的评价指标，微灌过滤的目的是滤除水源中可能造成灌水器堵塞的杂质颗粒，因此选择评价指标必须与杂质颗粒滤除效果有关，此外，无论选择何种指标，必须具有可操作性，即这些指标应能够被人们测量出来。与杂质颗粒相关的因素有杂质颗粒尺寸与分布、颗粒质量分数、颗粒含量、颗粒体的物化性能等，这些指标均会影响杂质颗粒对微灌系统的堵塞概率。从目前的技术来看，上述几个指标测量除需要的专门仪器设备外，还需要有一个时间过程，所以在生产实际中不常被采用。水质浊度指标是一个与上述几个因素密切相关的综合性指标，由于它具有直观易操作性，因此被广泛用来作为微灌过滤的指标之一。本章就是以水质浊度为指标对过滤试验的研究与分析。

前文提到，通常把微灌堵塞类型分为物理堵塞、化学堵塞和生物堵塞 3 种，同时将造成堵塞的各类物质进行分类，一些专家学者根据自己的研究成果总结出了不同的微灌堵塞水质标准，从这些标准中可以看出悬浮固体颗粒排在微灌堵塞的首要因素。悬浮固体颗粒包括了有机和无机两种，有机颗粒主要包括了与生物堵塞有关的因素和外界有机材料杂质，有机颗粒的堵塞主要靠过滤前化学处理或拦污栅拦截措施来防治。无机悬浮颗粒则主要是指泥沙颗粒、胶粒组合体和生物代谢物等，事实上造成微灌堵塞的最普遍的因素是泥沙颗粒。根据《塑料节水灌溉器材单翼迷宫式滴灌带》（GB/T 19812. 1—2005）的要求，滴灌带的"抗堵塞性能"是根据其对泥沙颗粒的堵塞试验来测定的，为此 2006 年新疆维吾尔自治区产品质量监督检验研究院与企业合作设计制作了一套滴灌带抗堵塞试验装置，检测选用的模拟堵塞颗粒就是泥沙颗粒。

关于石英砂滤料过滤要素我国微灌专家研究的成果较少，而国外水处理行业的专家已经进行了近百年试验，取得了许多的成果与专利[123-125]，近年来国内与微灌过滤条件相近似的研究是西安建筑科技大学王金平等[126]、景有海等[127]对均质石英砂滤料快速过滤试验，前者采用示踪剂实验，研究了滤层过滤阻力计算方法，后者提出了计算均质滤料水头损失的毛细管模型，他们研究的目标是饮用水浊度指标变化规律。董文楚是我国最早从事微灌砂石过滤器研究的学者之一，他提出了微灌过滤器的设计原理和方法，对石英砂滤料的参数测定和分析方法进行了总结[128]。另外，董文楚、周慧芳[129]、李国会[130]曾致力于滤料反冲洗试验研究，探讨滤料的反冲洗性能特征，提出反冲洗参数的确定方法及最大膨胀高度的计算办法。翟国亮"十五"期间开始自动反冲洗砂石过滤器的研究工作，对过滤器自动反冲洗机构进行研制与开发，并开展了砂石过滤器的模型样机过滤与反冲洗对水质浊度的影响试验，试验显示石英砂过滤的效果与反冲洗性能参数均受滤层厚度影响显著，另外，不同反冲洗速度对反冲洗时间的影响是有限的，一般情况下反冲洗时间 5~6min。由于微灌用过滤器的滤速较高，是普通水处理过滤速度的 10 倍左右，所以滤层堵塞较为频繁，反冲洗频率较高，因此在研究砂石过滤器时反冲洗过程试验与过滤过程试验具有同等重要的作用。

本研究借鉴水处理行业的试验方法，以浊度作为滤后水或反冲洗排污水的基本指标，采用适宜微灌过滤的 20# 石英砂开展对泥沙颗粒过滤和反冲洗试验，目的是寻找出过滤与反冲洗的基本规律。

4.1 试验目的与方法

4.1.1 试验目的

研究 20# 石英砂滤料应用于微灌过滤时，其对泥沙颗粒的过滤和反冲洗规律，找出影响过滤效果和反冲洗效果的关键因素，从而为微灌用滤层的结构选择和过滤器性能参数、反冲洗参数的确定提供技术资料。

4.1.2 试验装置

试验模型装置如图 4-1 所示，它采用内径 200mm，高度 2 000mm 透明有机玻璃管为主过滤室，有机玻璃管上每 100mm 高度设计有测压取料孔，两端采用特制的封头密封，设计耐压 0.6MPa；下端封头安装 3 个 0.5m³/h 滤头（或称滤帽），缝隙宽度 0.3mm；采用两个水池分别供给配制原水和反冲洗用清水，涡轮流量计显示过滤和反冲洗流量，U 型压差计测定滤层内部压差。

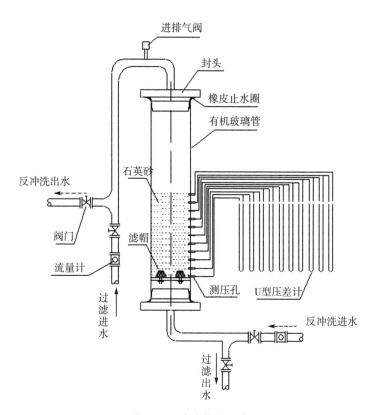

图 4-1 试验装置示意

4.1.3 仪器设备和配套设施

仪器设备：英国马尔文 MS2000 激光粒度仪、LWGY-25 涡轮流量计、自制的水银柱测压管、YZD-1A 浊度计、电子天平、烘箱、0.4 精度压力表和秒表等。

配套设施：潜水泵 4 台，混凝土水池 3 个。其中，带有搅拌装置的原水水池 1 个，容水量 $2m^3$；反冲洗用清水水池 1 个，容水量 $1m^3$；沉淀储水池 1 个，容水量 $50m^3$；另外，有一眼机井为储水池提供清水补充，原水水池内安装的是水力搅拌机构，能确保配制的原水颗粒质量分数均匀性。

4.1.4 选用的石英砂滤料指标

石英砂滤料用平均有效粒径和均匀系数两个指标来分类，平均有效粒径是指某种砂石滤料中小于这种粒径的砂样占总砂样的 10%，例如，某种滤料的有效粒径为 0.8mm，其意义是指其中有 10% 的砂样粒径小于 0.8mm；均匀系数用于描述砂石滤料的粒径变化情况，以 60% 砂样通过筛孔的粒径与 10% 砂样通过筛孔的粒径比值来表示（即 d_{60}/d_{10}），若此比值等于 1，说明该滤料由同一粒径组成。用于微灌系统的石英砂滤料均匀系数在 1.5 左右为宜。

滤料的优劣主要取决于石英砂的化学性质和形状、粒径粗细等物理技术指标，在滤料选配时，必须注意以下具体要求：①具有足够的机械强度，以防在过滤和反冲洗时滤料产生磨损和破碎现象。②具有足够的化学稳定性，由于要利用微灌系统施肥和农药，以及为了防止系统堵塞要对系统进行氯处理和酸处理，要求滤料在上述工作环境下不与弱酸弱碱溶液产生化学反应，更不能产生对植物和动物有害的物质。③具有一定的颗粒级配和适当的孔隙率，保证其均匀系数在 1.5 左右，并能达到一定的过滤能力。④滤料应能就地取材，石料充足和价格低廉。

按照石英砂的来源不同，有河砂和原岩粉碎砂两种类型。河砂是天然风化并经水流挟带堆积而成，经过沿途磨损，砂的棱角已基本消失，颗粒浑圆，孔隙率较小。另外，河砂中混有各种质地泥沙和杂质，很不容易将它们分离出去，因此一般不考虑采用河砂。而原岩粉碎砂是经人工粉碎生产出来的，它具有质地纯正、棱角多、孔隙率大等优点，且能按照要求筛分出各种规格和级配的专用砂，其货源较广、市场价格便宜、采购方便，因此它是最理想过滤材料。课题组通过调研选用河南巩义市生产的石英砂作为试验滤料，该砂的各项性能指标和理化指标分别如表4-1和表4-2所示，其级配如表4-3所示。

表4-1 石英砂性能指标

砂质	比重 γ（g/cm³）	孔隙率 m（%）	球型度系数 ψ	有效粒径 d_{10}（mm）	均匀系数
石英砂	2.65	0.42	0.80	0.59	1.42

表4-2 石英砂滤料的理化指标

分析项目	测试数据	分析项目	测试数据
SiO_2	≥99%	莫式硬度	7.5
破碎率	<0.35%	密度	2.66g/cm³
磨损率	<0.3%	堆密度	1.75g/cm³
孔隙率	45%	沸点	2 550℃
盐酸可溶性	0.2%	熔点	1 480℃

表4-3 20#石英砂滤料级配

粒径范围（mm）	≥1.18	1.00~1.18	0.85~1.00	0.71~0.85	0.60~0.71	0.50~0.60	0.425~0.50	<0.425
重量（g）	8.70	67.54	451.33	109.18	257.16	11.61	30.23	50.52
级配（%）	0.88%	6.85%	45.76%	11.07%	26.07%	1.18%	3.07%	5.12%

4.1.5 使用的泥沙颗粒级配

选用的是引黄灌区人民胜利渠小冀段淤积的泥土，试验前对其进行了粗颗粒的筛分，其颗粒粒度分布如表4-4所示。

表 4-4　泥沙粒径的体积百分数

粒径级 （μm）	体积百分 数（%）	粒径级 （μm）	体积百分 数（%）	粒径级 （μm）	体积百分 数（%）	中数粒径 （μm）	平均粒径 （μm）
≤2	3.63	≤31	46.94	≤125	93.45		
≤4	7.30	≤50	67.04	≤250	97.48		
≤8	14.38	≤62	75.68	≤500	99.37	33.46	51.77
≤16	26.46	≤75	82.30	≤1 000	100.00		
≤25	39.04	≤100	89.79				

4.1.6　试验方法

4.1.6.1　试验的程序

试验共分为 2 个过程 4 个试验，即过滤过程和反冲洗过程，4 个试验是过滤试验、水头损失试验、反冲洗试验和膨胀高度试验。首先开展过滤试验，在过滤试验结束时，记录水头损失数据，然后开展反冲洗试验。当某一滤层厚度所有的过滤和反冲洗试验结束后再开展膨胀高度试验。

4.1.6.2　原水配制和反冲洗清水准备

分别把水池放满清水，把定量的沙土加入水池中，打开搅拌结构，搅拌 5min 后即可开始试验。在配制原水以前就要把反冲洗用清水池加满，一方面可以有时间使水体平稳，另一方面使水中的杂质沉淀，进而保证反冲洗水质的清洁。

4.1.6.3　模型安装与滤料加装

先把模型的有机玻璃筒、上/下压盖、滤头及相关的配套管道进行清洗，然后组装起来，滤料从有机玻璃筒的上端填入，填入前要对滤料进行清洗，首次加滤料的厚度为 100cm，从有机玻璃筒侧壁的测压孔将多余滤料取出，然后再进行 80cm 厚度的过滤试验，以此类推直到做完 30cm 的试验为止。有机玻璃的上压盖上设有进水口，在进水口的下方安装有分水板，防止进水水流集中冲刷滤层表面。

4.1.6.4　水质样品的选取

原水取样是从滤层上游的进水管道中提取，按试验设计定时取样；滤后水取样是从流量计稳定后从滤层的下游出水管道提取，每分钟取样一次；反冲洗水样是在反冲洗开始时从反冲洗排污口提取，每分钟提取一次。考虑微灌过滤周期等要素，每次过滤和反冲洗时间均控制在 15min 以内。

4.1.6.5　参数测定

水质的浊度采用浊度计测量；水样的颗粒粒度分析则需要对水样进行 24h 沉淀，然后再取沉淀物在颗粒粒度分析仪上测量；膨胀高度试验则是在反冲洗状态下，根据目测在模型上直接量取；对颗粒含量的测定，是采用测定一定体积的水质样品烘干后干物质质量减去等体积净水烘干物质质量，进而换算出单位体积的颗粒含量；滤层的水头损失参数则是通过有机玻璃筒上的测压孔连接自制的测压管读取。

4.2　滤层厚度为 100cm 时过滤与反冲洗试验

对于水处理行业来说滤层 100cm 厚是较为常见的厚度，但是对于微灌过滤采用这样的厚度是不可思议的，因为滤层厚度增加就意味着过滤罐容积的加大和成本的增加。本研究之所以开展 100cm 滤层厚度的试验，意在为以下 80cm、60cm、40cm 和 30cm 滤层厚度试验做好铺垫与参照。由于水质的泥沙含量的大小与水质浊度有着紧密的关系，采用浊度指标来衡量过滤或反冲洗的效果是可行的，因此本试验是基于浊度指标下进行的过滤和反冲洗试验。通过本试验得出以下成果。

4.2.1　过滤速度对滤后水浊度的影响

微灌采用的是高速过滤，其过滤速度是水处理过滤速度的 10 倍左右，从过滤机理上分析，在对泥沙颗粒过滤过程中，较大的泥沙颗粒被拦截在滤层表面，较小的颗粒一部分随水流穿过滤层，另一部分被滤层截留或滤料颗粒吸附，一般认为截留和吸附的颗粒数量大小与流速关系密切。

图 4-2 中的（a）和（b）分别是 0.3‰和 0.5‰原水颗粒质量分数条件下不同过滤速度时滤后水的浊度变化趋势图，图上显示：①过滤速度与滤后水的浊度成正比，说明过滤速度越大，滤后水浊度就越高。对于微灌用砂石过滤器而言，即要求较高的过滤速度又要求去除更多的杂质颗粒，在选择设计过滤速度时要综合考虑滤料、水质、灌溉系统等因素，要进行分析与试验。②滤后水浊度在 0~

15min 呈上升趋势，没有达到稳定状态，这说明与慢速过滤类似，滤层同样有一个成熟期，在此期间滤后水浊度变化幅度较大。

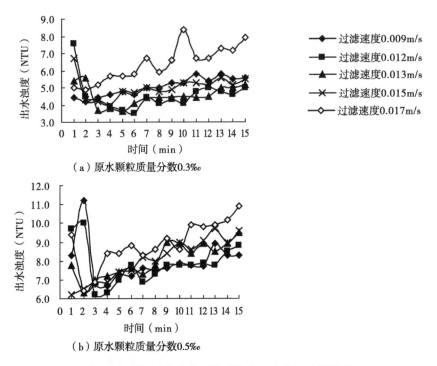

（a）原水颗粒质量分数0.3‰

（b）原水颗粒质量分数0.5‰

图 4-2　不同过滤速度下的过滤出水浊度与时间关系

4.2.2　原水颗粒质量分数对滤后水浊度影响

试验设计了 5 种颗粒质量分数的原水和 5 个过滤流速对比，从图 4-3 中的（a）和（b）可以看出：原水浊度与滤后水浊度成正比，说明石英砂滤料不仅可以滤除较大粒径的泥沙颗粒，同时也能滤除一部分微小的浊度粒子。

为了说明原水过滤前后浊度的变化情况，现引入浊度滤除比率的概念，即原水浊度减去滤后水浊度与原水浊度的比率，计算结果见表 4-5。表 4-5 中滤后浊度是指 15 个测定值的平均值，数据显示与原水浊度比较滤后水浊度滤除比率在 40%~60%，说明有 40%~60% 的影响水质浊度的颗粒被滤除掉。在实际应用时应根据水质等诸多因素确定滤除比率大小。

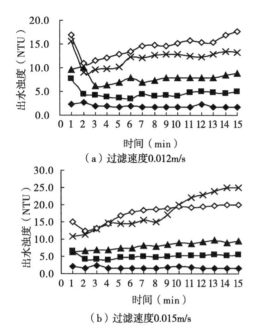

图4-3 不同原水颗粒质量分数下的出水浊度与时间关系

表4-5 原水浊度与滤后水浊度对照

项目	不同原水颗粒质量分数下的测定与计算结果				
	1.0‰	0.8‰	0.5‰	0.3‰	平均值
原水浊度（NTU）	28	24	14	9	
滤后水浊度（NTU）	15	12	6.5	4.0	
滤除比率（%）	46.4	50.0	53.6	55.6	51.4

4.2.3 不同反冲洗速度时排污水浊度随时间变化的趋势

反冲洗速度是表示反冲洗强度的指标，反冲洗速度大，表明单位时间内反冲洗用水量多。衡量滤层反冲洗效果的指标一般采用反冲洗后滤层水头损失指标，看其是否接近上一轮过滤开始时滤层水头损失值，即清洁压降值，越接近说明清洗效果越好。本试验借鉴水处理行业方法，采用浊度指标来间接测量反冲洗效果并研究排污过程，即根据反冲洗排污水浊度随时间变化规律来研究滤层中杂质排出规律，其最基本的假定是滤层反冲洗的效果与排污水的浊度成反比，当排污水浊度达到或接近反冲洗用清水浊度并且不随时间变化时，说明反冲洗已经完成。

图 4-4 中的（a）和（b）分别是采用 1‰ 和 0.8‰ 原水颗粒质量分数时，在不同的反冲洗速度条件下，得出的反冲洗出水浊度随时间变化关系试验结果，试验反冲洗使用的清水浊度为 0.4NTU。

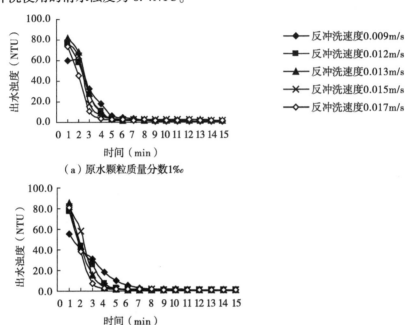

（a）原水颗粒质量分数1‰

（b）原水颗粒质量分数0.8‰

图 4-4　不同反冲洗速度下排污水浊度随时间变化趋势线

从排污水浊度变化趋势线可以看出：①随着反冲洗流速的加大，出水浊度接近清水浊度的时间缩短，说明加大反冲洗流速可以缩短反冲洗用时。②不管过滤原水颗粒质量分数大小、冲洗速度快慢，冲洗 6min 左右，出水浊度和清水浊度就非常地接近，说明反冲洗超过一定的时间后，再延长冲洗时间产生的效果是有限的。

4.2.4　不同原水颗粒质量分数时排污水浊度随时间的变化趋势

由于过滤时间均是 15min，滤层截留泥沙量的多少取决于原水颗粒质量分数的高低，试验采用 0.1‰、0.3‰、0.5‰、0.8‰ 和 1‰ 共计 5 个颗粒质量分数水平，在 5 个过滤速度水平展开观测。图 4-5 中的（a）和（b）分别是在过滤速度为 0.017m/s 和 0.013m/s 时出水浊度随时间的变化趋势图。从图 4-5 可以看出原水的颗粒质量分数高反冲洗排污水浊度接近清水浊度的用时长，即滤层泥沙含量高，反冲洗用时就多，但是一般情况下 3~5min 内出水浊度都趋于稳定。从这里可以得出下列结论：减少反冲洗次数是节省冲洗用水量和冲洗时间的最有效途径。

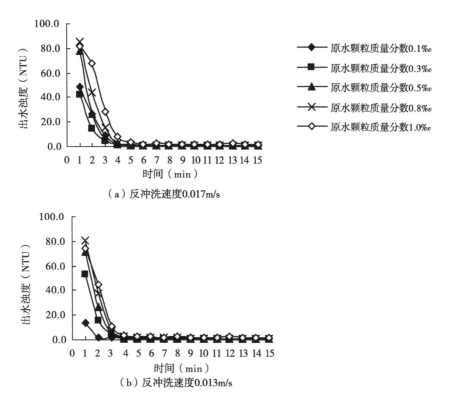

图 4-5   不同原水颗粒质量分数下的反冲洗出水浊度与时间关系

4.2.5   反冲洗速度对膨胀高度的影响

表 4-6 是针对不同的原水颗粒质量分数和反冲洗流速条件下的膨胀高度，可以看出膨胀高度的大小仅与反冲洗流速有关，与原水颗粒质量分数无关。

表 4-6　膨胀高度测定

原水颗粒质量分数（‰）	反冲洗流速（m/s）	膨胀高度（cm）
0.1	0.009	0
	0.012	4.5
	0.013	7.0
	0.015	9.5
	0.017	13.0
0.3	0.009	0
	0.012	4.8
	0.013	7.5
	0.015	9.5
	0.017	11.5
0.5	0.009	0
	0.012	5.0
	0.013	8.0
	0.015	10.0
	0.017	12.5
0.8	0.009	1.4
	0.012	4.8
	0.013	7.5
	0.015	9.0
	0.017	12.8
1.0	0.009	0
	0.012	4.5
	0.013	7.0
	0.015	9.5
	0.017	12.0

　　把 5 个颗粒质量分数水平的测量值作为 5 个重复测量值取平均数，然后把流速与对应的膨胀高度进行对数回归分析，得出 100cm 厚度时膨胀高度 y 与反冲洗速度 x 的关系式与图 4-6。从图 4-6 可以看出，膨胀高度与反冲洗速度的关系较

为密切。

$$Y = 7.346\ 2\ln(x) - 0.234 \tag{4.1}$$

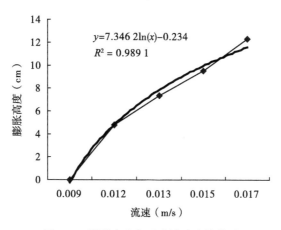

图 4-6 膨胀高度与反冲洗速度的关系

4.2.6 结 论

对滤层厚度 100cm 试验得出下列主要结论。

（1）过滤速度与滤后水浊度成正比关系，原水浊度与滤后水浊度成正比，颗粒质量分数在 0.1‰~1.0‰范围内时，一般情况下滤后水浊度的滤除比率在 40%~60%。滤后水浊度在 0~15min 处于不稳定状态，并且呈上升趋势，这说明与慢速过滤类似，微灌快速过滤的滤层同样存在一个成熟期，在此期间滤后水浊度的变化幅度较大。

（2）加大反冲洗速度时，可使排污水浊度接近清水浊度的时间缩短，但是在一定的反冲洗速度范围内，无论速度的大小，冲洗 5~6min 后排污水浊度均能达到接近清水浊度水平；原水颗粒质量分数高，反冲洗排污水浊度接近清水浊度，用时长，但是一般情况下 4~5min 后排污水浊度均会趋于稳定。

（3）滤除膨胀高度与反冲洗速度的关系密切，本研究采用对数模型进行了回归分析，并得出了其相应的关系式。

4.3 不同滤层厚度对滤后水浊度影响规律试验

在 4.2 中作者从宏观上对不同的原水颗粒质量分数、过滤速度、反冲洗速度对滤后水浊度和反冲洗排污水浊度的影响规律进行了研究，本部分是在 4.2 的基础上开展的更深层次的研究，更多地对过滤和反冲洗过程进行量化分析。

本试验影响因素选择了滤层厚度、过滤速度和原水颗粒质量分数，滤层厚度共选择了 80cm、60cm、40cm 和 30cm 共 4 个水平；试验由 80cm 滤层厚度开始，然后依次为 60cm、40cm 和 30cm。过滤速度在 80cm 滤层厚度时选择 0.009m/s、0.012m/s、0.013m/s、0.015m/s、0.017m/s、0.022m/s、0.026 5m/s 和 0.003m/s 共 7 个水平，考虑 0.015m/s 速度在使用中相对偏低，所以从 60cm 滤层厚度时开始选择 0.017m/s 以上的 4 个水平。原水颗粒质量分数在开始时选择了 0.1‰、0.3‰、0.5‰、0.8‰、1.0‰和 1.5‰共 6 个水平。试验以后发现由于 0.1‰原水颗粒质量分数较低，很难比较出其差别，而 1.0‰和 1.5‰原水颗粒质量分数较高，很容易形成滤层快速堵塞，所以试验就选择 0.3‰、0.5‰和 0.8‰共 3 个原水颗粒质量分数水平。0.3‰、0.5‰和 0.8‰其对应的固体颗粒含量为 300mg/L、500mg/L 和 800mg/L，是微灌上公认的较差的易堵塞的水质，生活中常见的有农村坑塘水、河流取水、渠道水、生活污水等，所以必须对其进行处理才能进行微灌，因此本试验切合了微灌工程的实际需求，具有广泛的实用价值。

4.3.1 滤层厚度 80cm 时过滤速度对滤后水浊度的影响

图 4-7 是滤层厚度为 80cm 时不同原水颗粒质量分数、不同过滤速度条件下，不同时段滤后水浊度分布趋势图。

从图 4-7 可以看出在不同的原水颗粒质量分数时，不同速度的滤后水浊度趋势线有所不同，当原水的颗粒质量分数较小时滤后水的浊度较为平稳，如图 4-8 中（a）和（b）所示，随着原水颗粒质量分数的增加，滤后水的浊度变化的幅度也相对增加，表现为趋势线比较散乱，如图 4-8 中（c）（d）（e）和（f）所示。在同一原水颗粒质量分数条件下，不同的过滤速度对滤后水浊度产生的影响也是很明显的，在较低的原水颗粒质量分数时，过滤速度对其影响相对较小，如

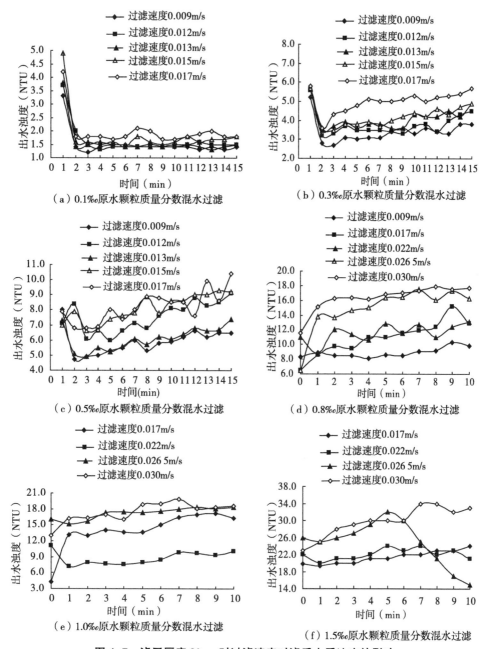

（a）0.1‰原水颗粒质量分数混水过滤

（b）0.3‰原水颗粒质量分数混水过滤

（c）0.5‰原水颗粒质量分数混水过滤

（d）0.8‰原水颗粒质量分数混水过滤

（e）1.0‰原水颗粒质量分数混水过滤

（f）1.5‰原水颗粒质量分数混水过滤

图 4-7　滤层厚度 80cm 时过滤速度对滤后水质浊度的影响

图 4-8 中（a）和（b），随着原水颗粒质量分数的增加，不同过滤速度的变化幅度逐渐增加，如图 4-8 中（c）（d）（e）和（f）。在图 4-8（f）中速度为 0.026 5m/s 的趋势线出现突然下降，查原始记录发现，当时滤层被堵塞，使过滤速度快速下降，来不及记录滤速变化，从而产生这种趋势线。鉴于此，经过现场的数据分析得出，1.0‰以上原水颗粒质量分数偏高，不宜直接使用，从而也说明当原水颗粒质量分数达到 1.0‰以上时，需要对原水进行沉淀或其他预处理后，才能使用砂石过滤器。

从图 4-7 可以看出，各种数据参数之间的关系比较复杂，必须采用统计的方法来分析这些数据。和 4.2.2 一样现引入浊度滤除比率参数，过滤效果的优劣以滤除比率来衡量。

4.3.1.1 在同一过滤速度条件下不同的原水颗粒质量分数对浊度滤除比率的影响

表 4-7 是过滤速度为 0.017m/s 时根据实测数据计算出的滤除比率。

表 4-7 原水浊度与滤后水浊度对照

项目	不同原水颗粒质量分数下的测定与计算结果				
	1.5‰	0.8‰	0.5‰	0.3‰	平均值
原水浊度（NTU）	33.0	18.8	13.5	8.7	
滤后水浊度（NTU）	21.4	11.4	8.2	5.0	
滤除比率（%）	35.2	39.4	39.3	42.5	39.4

注：选择过滤速度为 0.017m/s 时数据作为典型代表。

从表 4-7 可以看出随着原水颗粒质量分数的增加，滤除比率呈现递减的趋势。

4.3.1.2 相同的原水颗粒质量分数不同过滤速度对滤后水浊度的影响

本试验主要开展了 0.3‰、0.5‰、0.8‰共 3 个水平的试验，其滤除比率如表 4-8 至表 4-10 所示。

表 4-8　原水颗粒质量分数 0.3‰时滤后水浊度滤除比率

项目	不同过滤速度下的测定与计算结果					
	0.009m/s	0.012m/s	0.013m/s	0.015m/s	0.017m/s	平均值
原水浊度（NTU）	7.6	8.4	8.0	7.9	8.7	
滤后水浊度（NTU）	3.3	3.7	4.0	4.1	5.0	
滤除比率（%）	56.6	56.0	50.0	48.1	42.5	50.5

注：滤后水浊度（NTU）是第 2~15min 测试值的平均数。

表 4-9　原水颗粒质量分数 0.5‰时滤后水浊度滤除比率

项目	不同过滤速度下的测定与计算结果					
	0.009m/s	0.012m/s	0.013m/s	0.015m/s	0.017m/s	平均值
原水浊度（NTU）	12.9	14.2	12.0	13.8	13.5	
滤后水浊度（NTU）	5.9	7.5	6.1	8.1	8.2	
滤除比率（%）	54.3	47.2	50.0	41.3	39.3	46.4

注：滤后水浊度（NTU）是第 1~15min 测试值的平均数。

表 4-10　原水颗粒质量分数 0.8‰时滤后水浊度滤除比率

项目	不同过滤速度下的测定与计算结果					
	0.009m/s	0.017m/s	0.022m/s	0.026 5m/s	0.030m/s	平均值
原水浊度（NTU）	19.4	18.8	20.3	22.8	21.3	
滤后水浊度（NTU）	9.0	11.4	11.6	15.7	16.8	
滤除比率（%）	53.6	39.4	42.9	31.1	21.1	39.7

注：滤后水浊度（NTU）是第 1~10min 测试值的平均数。

从表 4-8 到表 4-10 中可以看出在相同的原水浊度情况下，随着流速的增加，滤除比率有明显的降低趋势，原水颗粒质量分数越高，下降的幅度就越大。

4.3.2　滤层厚度 60cm 时过滤速度对滤后水浊度的影响

图 4-8 是滤层厚度为 60cm 时不同原水颗粒质量分数、不同过滤速度条件下，不同时段滤后水的浊度分布趋势图。

从图 4-8 可以看出在不同的原水颗粒质量分数时，不同速度时的趋势线与

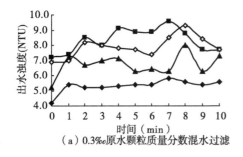

（a）0.3‰原水颗粒质量分数混水过滤

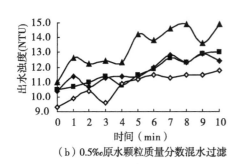

（b）0.5‰原水颗粒质量分数混水过滤

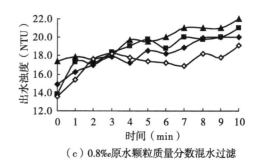

（c）0.8‰原水颗粒质量分数混水过滤

图 4-8　滤层厚度 60cm 时过滤速度对滤后水质浊度的影响

80cm 厚度时基本相似。图中 4-8（a）中的趋势线较分散，不同速度差别明显，图 4-8（b）和（c）趋势线逐渐聚拢在一起。其数据计算分析如下。

4.3.2.1　在同一过滤速度条件下不同的原水颗粒质量分数对浊度滤除比率的影响

表 4-11 是过滤速度为 0.017m/s 时根据实测数据计算出的滤除比率表。

表 4-11　原水浊度与滤后水浊度对照

项目	不同原水颗粒质量分数下的测定与计算结果			
	0.8‰	0.5‰	0.3‰	平均值
原水浊度（NTU）	24.3	16.0	8.6	
滤后水浊度（NTU）	18.3	11.9	5.4	
滤除比率（%）	24.7	25.6	37.2	29.2

注：选择过滤速度为 0.017m/s 时数据作为典型代表。

表 4-11 可以看出随着原水颗粒质量分数的增加，滤除比率呈现递减的趋势。

4.3.2.2 相同的原水颗粒质量分数不同过滤速度对滤后水浊度的影响

其浊度滤除比率计算见表 4-12 至表 4-14。

表 4-12 原水颗粒质量分数 0.3‰时滤后水浊度滤除比率

项目	不同过滤速度下的测定与计算结果				
	0.017m/s	0.022m/s	0.026 5m/s	0.030m/s	平均值
原水浊度 NTU	8.6	11.1	9.0	9.3	
滤后水浊度（NTU）	5.4	8.5	6.9	8.0	
滤除比率（%）	37.2	23.4	25.9	14.0	25.1

注：滤后水浊度（NTU）是第 1~10min 测试值的平均数。

表 4-13 原水颗粒质量分数 0.5‰时滤后水浊度滤除比率

项目	不同过滤速度下的测定与计算结果				
	0.017m/s	0.022m/s	0.026 5m/s	0.030m/s	平均值
原水浊度（NTU）	16.0	15.3	17.3	13.2	
滤后水浊度（NTU）	11.9	11.8	13.6	11.0	
滤除比率（%）	25.6	22.9	21.4	16.7	21.7

注：滤后水浊度（NTU）是第 1~15min 测试值的平均数。

表 4-14 原水颗粒质量分数 0.8‰时滤后水浊度滤除比率

项目	不同过滤速度下的测定与计算结果				
	0.017m/s	0.022m/s	0.026 5m/s	0.030m/s	平均值
原水浊度（NTU）	24.3	24.5	23.3	21.8	
滤后水浊度（NTU）	18.3	19.1	20.1	17.6	
滤除比率（%）	24.7	22.0	13.7	19.3	19.2

注：滤后水浊度（NTU）是第 1~10min 测试值的平均数。

从表 4-12 至表 4-14 可以看出在相同的原水浊度情况下，随着流速的增加滤除比率有明显的降低趋势，原水颗粒质量分数越高，下降的幅度就越大。

4.3.3　滤层厚度 40cm 时过滤速度对滤后水浊度的影响

图 4-9 是滤层厚度为 40cm 时不同原水颗粒质量分数、不同过滤速度条件下，不同时段滤后水的浊度分布趋势图。

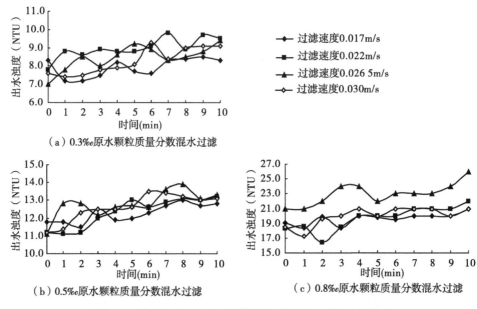

（a）0.3‰原水颗粒质量分数混水过滤

（b）0.5‰原水颗粒质量分数混水过滤　　（c）0.8‰原水颗粒质量分数混水过滤

图 4-9　滤层厚度 40cm 时过滤速度对滤后水质浊度的影响

从图 4-9 可以看出在不同的原水颗粒质量分数时，不同速度时的趋势线与 80cm 厚度时基本相似。图 4-9 中（a）（b）和（c）趋势线离散程度基本一致，其数据计算分析如下。

4.3.3.1　在同一过滤速度条件下不同的原水颗粒质量分数对浊度滤除比率的影响

表 4-15 是过滤速度为 0.017m/s 时根据实测数据计算出的滤除比率。

表 4-15　原水浊度与滤后水浊度对照

项目	不同原水颗粒质量分数下的测定与计算结果			
	0.8‰	0.5‰	0.3‰	平均值
原水浊度（NTU）	25.8	16.1	10.4	

（续表）

项目	不同原水颗粒质量分数下的测定与计算结果			
	0.8‰	0.5‰	0.3‰	平均值
滤后水浊度（NTU）	19.7	12.2	7.9	
滤除比率（%）	23.6	24.2	24.0	23.9

注：选择过滤速度为 0.017m/s 时数据作为典型代表。

从表 4-15 可以看出随着原水颗粒质量分数的增加，与前面 60cm、80cm 厚度不同的是滤除比率呈现基本平稳的趋势。

4.3.3.2 相同的原水颗粒质量分数不同过滤速度对滤后水浊度的影响

其浊度滤除比率计算见表 4-16 至表 4-18。

表 4-16 原水颗粒质量分数 0.3‰时滤后水浊度滤除比率

项目	不同过滤速度下的测定与计算结果				
	0.017m/s	0.022m/s	0.026 5m/s	0.030m/s	平均值
原水浊度（NTU）	10.4	11.2	9.9	9.7	
滤后水浊度（NTU）	7.9	9.1	8.6	8.4	
滤除比率（%）	24.0	18.8	13.1	13.4	17.3

注：滤后水浊度（NTU）是第 1~10min 测试值的平均数。

表 4-17 原水颗粒质量分数 0.5‰时滤后水浊度滤除比率

项目	不同过滤速度下的测定与计算结果				
	0.017m/s	0.022m/s	0.026 5m/s	0.030m/s	平均值
原水浊度（NTU）	16.1	16.0	15.1	15.1	
滤后水浊度（NTU）	12.2	12.4	12.9	12.8	
滤除比率（%）	24.2	22.5	14.6	15.2	19.1

注：滤后水浊度（NTU）是第 1~10min 测试值的平均数。

表 4-18 原水颗粒质量分数 0.8‰时滤后水浊度滤除比率

项目	不同过滤速度下的测定与计算结果				
	0.017m/s	0.022m/s	0.026 5m/s	0.030m/s	平均值
原水浊度（NTU）	25.8	23.8	27.0	23.3	

（续表）

项目	不同过滤速度下的测定与计算结果				
	0.017m/s	0.022m/s	0.026 5m/s	0.030m/s	平均值
滤后水浊度（NTU）	19.7	19.9	23.2	20.2	
滤除比率（%）	23.6	16.4	14.1	13.3	16.9

注：滤后水浊度（NTU）是第1~10min测试值的平均数。

从表4-16至表4-18可以看出在相同的原水浊度情况下，随着流速的增加滤除比率有明显的降低趋势，原水颗粒质量分数越高，下降的幅度就越大。

4.3.4 滤层厚度30cm时过滤速度对滤后水浊度的影响

图4-10是滤层厚度为30cm时不同原水颗粒质量分数时，不同过滤速度条件下，不同时段滤后水的浊度分布趋势图。

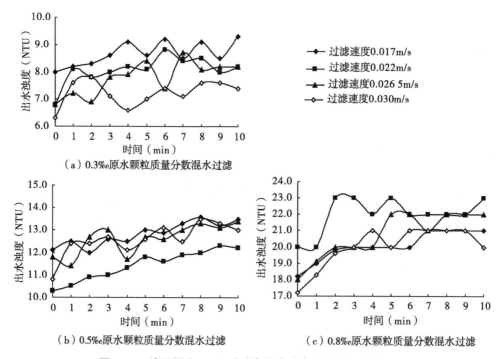

（a）0.3‰原水颗粒质量分数混水过滤

（b）0.5‰原水颗粒质量分数混水过滤

（c）0.8‰原水颗粒质量分数混水过滤

图4-10 滤层厚度30cm时过滤速度对滤后水质浊度的影响

4 基于浊度指标下非均质滤料对泥沙颗粒的过滤与反冲洗试验 ▲

从图 4-10 可以看出在不同的原水颗粒质量分数时，不同速度时的趋势线与 80cm 厚度时基本相似。从图 4-11 中 (a) (b) 和 (c) 趋势线离散程度较大，浊度值上下跳动幅度较大。其数据计算分析如下。

4.3.4.1　在同一过滤速度条件下不同的原水颗粒质量分数对浊度滤除比率的影响

表 4-19 是过滤速度为 0.017m/s 时根据实测数据计算出的滤除比率。

表 4-19　原水浊度与滤后水浊度对照

项目	不同原水颗粒质量分数下的测定与计算结果			
	0.8‰	0.5‰	0.3‰	平均值
原水浊度（NTU）	22.3	15.6	11.4	
滤后水浊度（NTU）	20.3	12.9	8.7	
滤除比率（%）	9.0	17.3	23.7	16.7

注：选择过滤速度为 0.017m/s 时数据作为典型代表。

从表 4-19 可以看出随着原水颗粒质量分数的增加，与滤层厚度 60cm、80cm 基本相同，只是滤除比率差别增大。

4.3.4.2　相同的原水颗粒质量分数不同过滤速度对滤后水浊度的影响

其浊度滤除比率计算见表 4-20 至表 4-22。

表 4-20　原水颗粒质量分数 0.3‰时滤后水浊度滤除比率

项目	不同过滤速度下的测定与计算结果				
	0.017m/s	0.022m/s	0.026 5m/s	0.030m/s	平均值
原水浊度（NTU）	11.4	10.6	9.2	8.1	
滤后水浊度（NTU）	8.7	8.2	7.9	7.3	
滤除比率（%）	23.7	22.6	14.1	9.9	17.6

注：滤后水浊度（NTU）是第 1~10min 测试值的平均数。

表 4-21　原水颗粒质量分数 0.5‰时滤后水浊度滤除比率

项目	不同过滤速度下的测定与计算结果				
	0.017m/s	0.022m/s	0.026 5m/s	0.030m/s	平均值
原水浊度（NTU）	15.6	13.1	14.6	14.3	

（续表）

项目	不同过滤速度下的测定与计算结果				
	0.017m/s	0.022m/s	0.026 5m/s	0.030m/s	平均值
滤后水浊度（NTU）	12.9	11.6	12.7	12.8	
滤除比率（%）	17.3	11.5	13.0	10.5	13.1

注：滤后水浊度（NTU）是第1~10min测试值的平均数。

表4-22　原水颗粒质量分数0.8‰时滤后水浊度滤除比率

项目	不同过滤速度下的测定与计算结果				
	0.017m/s	0.022m/s	0.026 5m/s	0.030m/s	平均值
原水浊度（NTU）	22.3	25.8	23.0	22.5	
滤后水浊度（NTU）	20.3	22.2	21.0	20.3	
滤除比率（%）	9.0	14.0	8.7	9.8	10.4

注：滤后水浊度（NTU）是第1~10min测试值的平均数。

从表4-20至表4-22中可以看出在相同的原水浊度情况下，随着流速的增加滤除比率有明显的降低趋势。

4.3.5　不同滤层厚度时对滤后水浊度的影响规律分析

从表4-23可以看出，不同的滤层厚度其滤除效果明显不同，80cm厚度与30cm厚度相比大小相差2.4倍。而不同的原水颗粒质量分数时原水颗粒质量分数越高滤除比率越小，但是影响幅度相对较小，80cm厚度与30cm厚度相比约1.3倍。

表4-23　不同厚度、不同原水颗粒质量分数时滤后水浊度滤除比率

原水颗粒质量分数（‰）	滤除比率（%）				
	滤层厚度80cm	滤层厚度60cm	滤层厚度40cm	滤层厚度30cm	平均值
0.8	39.4	24.7	23.6	9.0	24.2
0.5	39.3	25.6	24.2	17.3	26.6

原水颗粒质量分数（‰）	滤除比率（%）				
	滤层厚度80cm	滤层厚度60cm	滤层厚度40cm	滤层厚度30cm	平均值
0.3	42.5	37.2	24.0	23.7	31.9
平均值	40.4	29.2	23.9	16.7	

表 4-24 是原水颗粒质量分数为 0.8‰时不同过滤速度、不同厚度对滤后水浊度滤除比率的对照。

表 4-24 不同厚度、不同过滤速度时滤后水浊度滤除比率

过滤速度（m/s）	滤除比率（%）				
	滤层厚度80cm	滤层厚度60cm	滤层厚度40cm	滤层厚度30cm	平均值
0.017	39.4	24.7	23.6	9.0	24.2
0.022	42.9	22.0	16.4	14.0	23.8
0.026 5	31.1	13.7	14.1	8.7	16.9
0.030	21.1	19.3	13.3	9.8	15.9
平均值	33.6	19.9	16.9	10.4	

从表 4-24 中可以看出，不同的滤层厚度其滤除效果明显不同，80cm 厚度与30cm 厚度相比大小相差 3.2 倍。而不同的过滤速度时原水颗粒质量分数越高滤除比率越小，但是影响幅度相对较小，80cm 厚度与 30cm 厚度相比约 1.5 倍。

4.4 不同滤层厚度时排污水浊度随时间变化规律试验

反冲洗效果是过滤系统的一个重要功能指标，反冲洗的效果如何主要是根据滤层中截留的杂质被清洗的干净程度，即滤层的过滤功能恢复回原有洁净状态的程度。一般认为决定反冲洗效果的关键参数是反冲洗时间，时间越长冲洗越干净，但冲洗的耗水量也就越大。在实际运用中反冲洗时间主要受水源水质、过滤器性能和微灌系统抗堵塞性能等因素影响，一般情况下需要在工程施工过程中通

过反复的现场调试来确定反冲洗时间，进而确定反冲洗用时和冲洗周期。而调试时采用的指标大多是排污水的浊度，反冲洗出水变清就认为是反冲洗的结束。在我国新疆地区膜下滴灌过滤器反冲洗操作中，绝大多数是由农民直接打开反冲洗排污阀门，观察排污水的混浊程度（浊度），当排污水变清时就认为反冲洗过程已经完成，然后关闭反冲洗阀。很显然浊度是反冲洗过程的一个最重要的技术指标。本试验参照目前工程上常用的砂石过滤器滤层厚度指标，研究了 80cm、60cm、40cm 和 30cm 滤料厚度时不同反冲洗速度时排污水浊度的变化规律。

4.4.1 反冲洗速度指标的选择与原水颗粒质量分数因素的影响

在以往的试验资料和参考文献中，反冲洗速度是一个较为不确定的数据，董文楚曾提出了自己的理论，他认为反冲洗速度与膨胀高度有关，一般在 0.012m/s 左右较为合理，美国国家工程手册中明确提出了 0.01~0.015m/s，翟国亮在开展的试验中发现，反冲洗速度的不同对滤层作用效果是大不相同，试验发现反冲洗速度较小时（小于 0.009m/s），仅有底部滤头附近的滤料颗粒在流动，上部的砂滤层运动量很小，几乎没有膨胀。随着反冲洗速度加快（0.012m/s 左右），滤层中开始形成滚动上升与回落的流态，此时滤料颗粒间还粘连在一起随着滤层中的上升流或下降流运动，此时的膨胀高度较小。随着反冲洗速度的加大（小于 0.015m/s），滤层开始形成流态，滤层在水流的冲击下形成沸腾状态，砂滤料颗粒开始在水砂两相流中上下运动，此时膨胀高度达到了最大。本研究选择的反冲洗速度就是根据前面的试验数据制定的，分别选择了 0.009m/s、0.012m/s、0.013m/s、0.015m/s 和 0.017m/s。

本试验还选择了不同的原水颗粒质量分数作为影响因素，主要是考虑试验过程中过滤时间是相同的，不同的原水颗粒质量分数时滤层中截留的泥沙颗粒含量不同，也会影响到反冲洗的效果。

4.4.2 反冲洗排污水浊度随时间的变化趋势

滤层厚度为 60cm、40cm 时试验得出的排污水浊度随时间的变化趋势，见图 4-11 和图 4-12，各图上的 3 个小图分别是原水颗粒质量分数为 0.3‰、0.5‰和 0.8‰时的趋势。

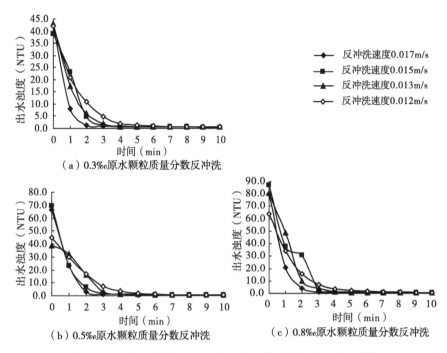

图4-11 滤料厚度为60cm时排污水浊度随时间的变化趋势

从图4-11和图4-12可以看出，不同的原水颗粒质量分数对反冲洗排污水浊度的影响是颗粒质量分数对其随时间的变化规律影响不大；同时，在相同的原水颗粒质量分数条件下，不同的反冲洗速度对其有明显的影响，但其随时间的变化趋势是相近的，其规律是开始时浊度最大，然后快速下降，在3~7min内均能达或接近反冲洗用水的浊度水平。对滤层厚度为80cm和30cm时的试验结果与图4-12和图4-13相类似，这里不再列举。

4.4.3 排污水浊度随时间变化规律的量化分析

4.4.3.1 累加值理论建立与试验结果

为了解决反冲洗时间的量化问题，现引入反冲洗排污水浊度"累加值"的概念，它是用于表示从第一时间段开始，向后对若干个时间段测出的 n 个排污水浊度数的合计值，现用 E_n 表示，其计算公式为

$$E_n = \sum Z_i \tag{4.2}$$

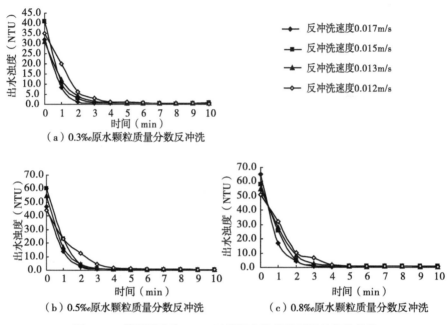

（a）0.3‰原水颗粒质量分数反冲洗

（b）0.5‰原水颗粒质量分数反冲洗

（c）0.8‰原水颗粒质量分数反冲洗

图 4-12　滤料厚度为 40cm 时排污水浊度随时间的变化趋势

式中，E_n 为 n 个时间段浊度累加值；Z_i 为第 i 时间段测得的浊度值。

引入"累加值"参数意义就在于，假定排污水浊度与从滤层中冲洗出的泥沙颗粒量是成正比关系，就可以用排污水的浊度累加值来表示被冲洗出的泥沙颗粒量累加量。为了更好地分析影响反冲洗时间参数的因素需要，于是再引入"累加值比率"和"标准累加值"两个概念。标准累加值是指根据试验规律而确定的一个参考性累加值，例如，从排污水浊度随时间变化趋势图 4-11 和图 4-12，可以得出结论：在 3~7min 内能达到或接近反冲洗用清洁水的浊度水平。于是我们就选择前 10min 的 10 个时间段的浊度累加值 L_{10} 为"标准累加值"。"累计值比率"是指某一时间段累加值与标准累加值的比值，用百分数表示，用公式表示为

$$B_i = E_n / L_0 \qquad (4.3)$$

式中，B_i 为累加值比率；E_n 与式（4.2）相同，n 同样是时间段总数；L_0 为标准累加值，本试验设定为 L_{10}。

不同因素颗粒质量分数、不同反冲洗速度条件下，依据原始的试验数据计算

出的 3min、4min、5min、6min 和 7min 时间段的累加值比率如表 4-25 至表 4-27 所示。

表 4-25 滤层厚度 60cm、原水颗粒质量分数 0.3‰累加值比率

项目	不同过滤速度下的累加值比率				
	0.017m/s	0.015m/s	0.013m/s	0.012m/s	平均值
L_{10}（NTU）	55.4	71.5	72.1	85.3	
B_3（%）	92.6	92.4	92.2	86.8	90.9
B_4（%）	94.4	95.1	94.9	92.5	94.2
B_5（%）	95.8	96.4	96.0	94.8	95.8
B_6（%）	96.6	97.2	96.9	96.2	96.8
B_7（%）	98.0	98.0	97.8	97.3	97.8

表 4-26 滤层厚度 60cm、原水颗粒质量分数 0.5‰累加值比率

项目	不同过滤速度下的累加值比率				
	0.017m/s	0.015m/s	0.013m/s	0.012m/s	平均值
L_{10}（NTU）	97.2	83.8	94.8	107.8	
B_3（%）	94.7	93.4	91.8	85.2	91.3
B_4（%）	95.9	95.5	95.0	92.1	94.6
B_5（%）	96.8	96.5	96.5	95.3	96.3
B_6（%）	97.5	97.4	97.6	97.1	97.4
B_7（%）	97.7	98.0	98.2	98.0	98.0

表 4-27 滤层厚度 60cm、原水颗粒质量分数 0.8‰累加值比率

项目	不同过滤速度下的累加值比率				
	0.017m/s	0.015m/s	0.013m/s	0.012m/s	平均值
L_{10}（NTU）	110.2	162.6	148.0	130.8	
B_3（%）	95.5	95.9	94.6	86.7	93.2
B_4（%）	96.5	97.3	97.3	92.2	95.8

项目	不同过滤速度下的累加值比率				
	0.017m/s	0.015m/s	0.013m/s	0.012m/s	平均值
B_5（%）	97.3	97.9	98.1	94.9	97.1
B_6（%）	97.8	98.5	98.6	96.7	98.2
B_7（%）	98.4	99.3	99.1	97.9	98.4

4.4.3.2 结果分析

（1）从表 4-25 至表 4-27 中可以看出，B_3 的累加值比率平均在 91.8%，只有反冲洗速度为 0.012m/s 时其累加值比率小于 90%，并且此速度时的累加值比率明显的小于其他 3 个速度，说明反冲洗速度 0.012m/s 并非是最理想的反冲洗速度，这从一定程度上推翻了董文楚教授提出的反冲洗速度的观点。

（2）7min 时累加值比率 B_7 均达到 97% 以上，此时增加反冲洗时间其累加值比率变化不明显，因此 7min 可以作为反冲洗的上限值。同时可以得出一个关键性结论：在有限的清洗时间内砂滤层通过反冲洗过程是不可能完全恢复到原始的清洁状态。考虑反冲洗用水量的要求，反冲洗时间的设定应控制在 7min 以内为宜。

（3）当反冲洗速度达到 0.013m/s 以上时，累加值比率 B_5 均达到 95% 以上，说明反冲洗时间选择 4~5min 较为适宜。

（4）从 3 种原水颗粒质量分数的累加值比率的平均值比较可以看出，原水颗粒质量分数越大其累加值比率越大，说明滤层中的杂质越多，在单位时间内去除的比率越高。

4.5 小 结

本研究是借鉴水处理行业的试验方法对适宜微灌过滤的 20#石英砂滤料对泥沙颗粒过滤和反冲洗过程的基础性试验，共计开展了如下工作。

（1）首先介绍了本试验的目的与方法，分别介绍了试验装置与仪器设备、选择的石英砂滤料和泥沙颗粒样本等情况。

（2）开展了 100cm 滤层时过滤与反冲洗试验，得出了过滤时不同过滤速度、原水配制颗粒质量分数对滤后水水质浊度的影响规律。同时，提出了反冲洗时不同反冲洗速度、原水配制颗粒质量分数时排污水浊度随时间的变化规律，并总结了反冲洗水流速度对滤层膨胀高度的影响规律。

（3）分别对滤层厚度为80cm、60cm、40cm和30cm的滤层进行了过滤分别得出了过滤时不同过滤速度、原水配制颗粒质量分数对滤后水水质浊度的影响规律。分析了不同滤层厚度时对滤后水浊度的过滤效果。

（4）不同滤层厚度时的反冲洗试验，开展了不同反冲洗速度、原水配制颗粒质量分数时排污水浊度随时间的变化规律试验，提出了不同滤层厚度时反冲洗排污水浊度随时间的变化规律并进行了量化分析。

5 基于粒度分布、颗粒含量指标下非均质滤料对泥沙颗粒过滤与反冲洗试验

在微灌过滤研究中浊度指标只是过滤效果的综合性参照指标，它并不能与微灌堵塞因素发生直接的关系，而直接指标有颗粒粒度分布、颗粒含量等，由于这些直接指标测定的程序较为复杂，在工程实际应用中不便捷，往往被人们所轻视。本章分别以颗粒粒度分布、颗粒含量两个过滤效果指标来分析过滤参数对滤后水水质的影响效应，以及反冲洗参数对排污水水质指标的影响规律。

颗粒粒度分布是指某一粒径以下颗粒占总颗粒的体积百分比。作为颗粒学科研究的基本参数之一，它广泛地应用于食品、造纸、医药、水泥、化工和水利行业。水利行业常用在河流泥沙粒度分析、水质悬浮颗粒粒度分析和土壤的颗粒粒度分析等。较早的颗粒粒度分布是通过人工筛分、测量颗粒质量来完成的，随着激光科技的发展，激光粒度仪应运而生并开始应用于颗粒粒度分析。激光粒度仪的原理是通过激光对颗粒的反射来统计颗粒的粒度分布，并通过连接的 PC 机计算处理后可以直接显示粒度分布结果。本研究采用的是英国马尔文公司生产的激光粒度仪，其精度和先进性在世界上属于一流。需要说明的是无论是人工筛分还是粒度仪测试，其结果的可重复性相对较差，试验中发现即使是同一种泥沙样品，每次测定的颗粒粒度分布也是不完全相同的。尤其是激光粒度仪测试，由于它预先需要把颗粒溶于水中，并通过进行搅拌、超声波振动等措施使颗粒分散开，而微小的颗粒在水中常常受到各种因素的干扰发生裂变、聚合或黏结等现象，很难使其每个颗粒都能分散开，所以每次的测试结果都不完全相同，但是这并不影响颗粒分布的基本趋势图，人们一般都是从基本趋势图上来研究分析问题的。本章开展颗粒粒度研究的目的是分析过滤器能完全去除掉的最大颗粒粒径指标（微灌系统要求的滤除粒径指标），及不同颗粒粒径在反冲洗时的排出顺序规律等，进而为确定过滤器的滤料粒径、滤层厚度、过滤速度、反冲洗速度等参数

提供理论支持。

颗粒含量是指单位体积的水溶液中泥沙颗粒的质量，采用烘干法进行测定。之所以没有使用颗粒质量分数的定义，是为了与原水颗粒质量分数相区别。研究该参数的目的是分析砂滤料对水中固体颗粒含量的滤除效果，为不同水质用于微灌时选择过滤方式和过滤器参数提供参考。

5.1 基于粒度分布指标下过滤与反冲洗试验研究

5.1.1 对滤后水粒度分布的试验数据与统计

微灌堵塞的过程是水质中较大的悬浮颗粒进入了微灌系统，这些大颗粒不能够通过灌水器流道，进而产生堵塞，微灌使用过滤器的目的就是把这些大颗粒拦截在系统之外。因此，分析滤后水水质之中颗粒粒径分布情况，对过滤器的过滤效果进行评价是较为合适的。下面是在颗粒粒度分布指标下不同滤层厚度的试验数据统计。

（1）滤层厚度 80cm 时，原水颗粒质量分数分别为 0.8‰、0.5‰条件下测得的滤后水粒度分布详见图 5-1 和图 5-2，对应的数据见表 5-1 和表 5-2。

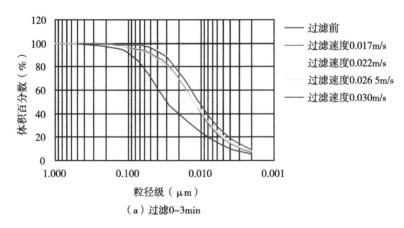

（a）过滤0~3min

图 5-1 原水颗粒质量分数 0.8‰时滤后水粒度分布

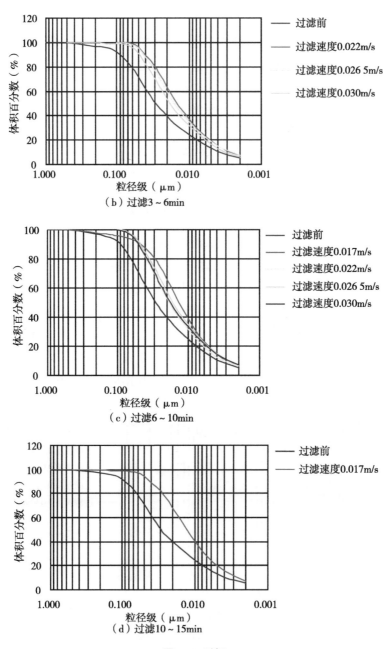

（b）过滤3~6min

（c）过滤6~10min

（d）过滤10~15min

图5-1（续）

表5-1　原水颗粒质量分数0.8‰时不同粒径的体积百分比

时间段 (min)	过滤速度 (m/s)	小于该粒径（μm）的体积百分比（%）													
		0.002	0.004	0.008	0.016	0.025	0.031	0.050	0.062	0.075	0.100	0.125	0.250	0.500	1.000
过滤前	0.017	5.07	10.35	20.29	33.90	45.36	52.50	71.24	79.39	85.52	92.14	95.10	97.93	99.72	100.00
0~3	0.022	8.11	16.58	33.25	60.24	76.87	82.82	90.71	92.66	94.04	95.86	97.11	99.54	100	
0~3	0.026 5	7.73	15.61	33.22	64.42	83.57	90.02	97.05	97.99	98.34	98.63	98.84	99.52	99.96	100
0~3	0.030	7.15	14.75	32.03	60.43	77.72	83.98	92.24	94.06	95.18	96.50	97.41	99.51	100	
3~6	0.022	8.96	19.33	39.01	66.80	83.38	89.39	96.91	98.17	98.66	98.95	99.11	99.77	100	
3~6	0.026 5	7.11	14.64	29.60	53.54	72.73	81.69	95.93	98.90	99.92	100				
3~6	0.030	7.15	14.60	28.10	49.92	69.37	79.03	95.07	98.56	99.90	100				
6~10	0.017	6.22	12.90	25.72	44.87	62.67	72.48	91.12	95.97	98.24	99.18	99.18	99.60	100	
6~10	0.022	6.99	14.41	30.48	56.93	74.43	81.37	91.41	93.66	94.90	96.10	96.86	98.80	99.88	100
6~10	0.026 5	7.32	14.75	28.25	48.49	65.53	74.53	91.99	96.91	99.43	100				
6~10	0.030	6.78	14.10	27.21	45.73	62.22	71.47	90.33	95.87	98.79	100				
10~15		6.20	12.51	25.21	44.29	61.17	70.70	90.30	96.08	99.13	100				
10~15	0.017	7.39	15.31	32.33	58.74	76.18	83.46	94.58	97.03	98.14	98.68	98.73	99.56	100	

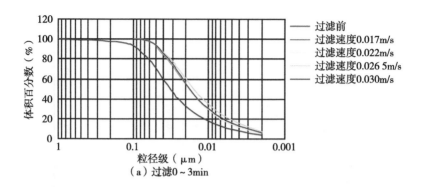

（a）过滤0～3min

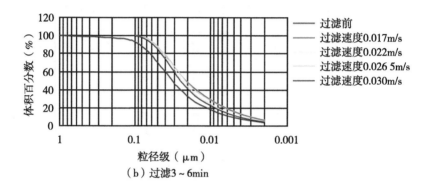

（b）过滤3～6min

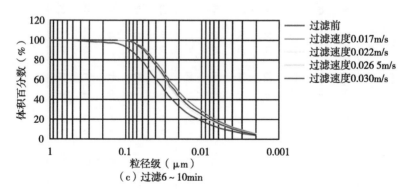

（c）过滤6～10min

图5-2 原水颗粒质量分数 0.5‰时滤后水粒度分布

表 5-2　原水颗粒质量分数 0.5‰时不同粒径级的体积百分比

时间段(min)	过滤速度(m/s)	小于该粒径 (μm) 的体积百分比 (%)													
		0.002	0.004	0.008	0.016	0.025	0.031	0.050	0.062	0.075	0.100	0.125	0.250	0.500	1.000
过滤前		4.044	8.058	15.275	27.239	40.447	49.021	70.821	79.866	86.480	93.365	96.273	98.398	99.618	100
0~3	0.017	6.404	13.098	25.027	45.481	65.147	75.355	93.515	97.981	99.805	100				
	0.022	5.777	11.703	23.199	45.246	65.930	76.124	93.332	97.391	99.237	100				
	0.026 5	7.679	15.748	29.080	51.033	70.270	79.485	94.611	98.029	99.516	100				
	0.030	6.495	13.211	25.106	46.591	67.122	77.363	94.593	98.553	99.909	100				
3~6	0.017	6.463	13.413	24.974	41.638	57.738	67.207	87.700	94.294	98.050	100				
	0.022	4.928	9.937	19.344	35.568	53.311	63.988	86.925	94.134	98.147	100				
	0.026 5	6.202	12.670	23.530	40.165	57.124	67.128	88.348	94.911	98.502	100				
	0.030	5.009	10.007	18.874	33.553	50.423	61.064	85.011	92.917	97.481	100				
6~10	0.017	6.110	12.589	23.713	40.593	57.013	66.596	87.294	94.004	97.873	100				
	0.022	4.885	9.824	18.975	34.411	51.221	61.567	84.802	92.599	97.199	100				
	0.026 5	5.605	11.340	20.905	35.521	51.354	61.265	83.954	91.745	96.446	99.805	100			
	0.030	5.413	10.910	20.627	36.389	52.976	63.017	85.354	92.836	97.267	100				

（2）滤层厚度为60cm时，原水颗粒质量分数为0.8‰条件下测得的滤后水颗粒粒度分布详见图5-3，对应的数据见表5-3。

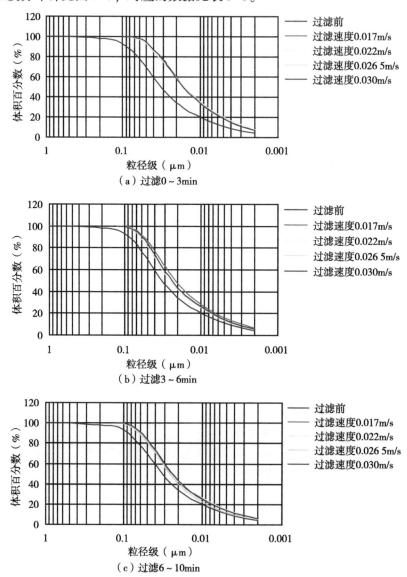

（a）过滤0~3min

（b）过滤3~6min

（c）过滤6~10min

图5-3　原水颗粒质量分数0.8‰时滤后水粒度分布

表 5-3 原水颗粒质量分数 0.8‰时不同粒径级的体积百分比

时间段 (min)	过滤速度 (m/s)	小于该粒径 (μm) 的体积百分比 (%)													
		0.002	0.004	0.008	0.016	0.025	0.031	0.050	0.062	0.075	0.100	0.125	0.250	0.500	1.000
过滤前	4.518	8.990	16.659	28.472	40.590	48.521	69.654	78.915	85.891	93.339	96.515	98.720	99.831	100	
0~3	0.017	7.410	15.170	28.278	50.139	69.647	79.139	94.961	98.611	99.892	100				
	0.022	7.936	16.351	29.945	50.170	67.787	76.790	93.167	97.454	99.564	100				
	0.026 5	7.328	14.980	27.976	49.144	68.299	77.886	94.375	98.308	99.864	100				
	0.030	7.167	14.744	27.696	49.082	68.378	77.961	94.399	98.329	99.872	100				
3~6	0.017	6.519	13.196	24.006	39.629	55.356	64.915	86.264	93.367	97.526	100				
	0.022	5.655	11.324	20.834	34.766	49.137	58.424	81.294	89.898	95.438	99.675	100			
	0.026 5	5.631	11.260	20.825	35.573	51.279	61.166	84.152	92.149	96.961	100				
	0.030	5.953	11.909	21.717	36.275	51.559	61.190	83.770	91.758	96.657	99.945	100			
6~10	0.017	5.672	11.420	21.087	35.732	51.051	60.693	83.388	91.481	96.481	99.900	100			
	0.022	6.157	12.341	22.186	36.016	49.862	58.734	80.751	89.234	94.846	99.459	100			
	0.026 5	4.977	9.780	18.384	32.790	48.577	58.548	82.086	90.575	95.914	99.811	100			
	0.030	5.657	11.369	21.128	36.218	51.913	61.597	83.902	91.731	96.554	99.883	100			

（3）滤层厚度为40cm时，原水颗粒质量分数为1.0‰条件下测得的滤后水颗粒粒度分布详见图5-4，对应的数据见表5-4。

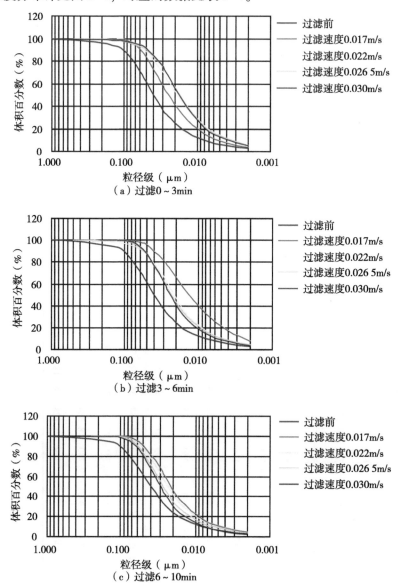

图5-4 原水颗粒质量分数1.0‰时滤后水粒度分布

表5-4　原水颗粒质量分数1.0‰时不同粒径级的体积百分比

时间段 (min)	过滤速度 (m/s)	小于该粒径（μm）的体积百分比（%）													
		0.002	0.004	0.008	0.016	0.025	0.031	0.050	0.062	0.075	0.100	0.125	0.250	0.500	1.000
过滤前		2.87	5.30	9.96	19.35	31.10	39.29	62.12	72.54	80.60	89.53	93.60	97.04	99.19	100
0~3	0.017	4.01	7.67	15.75	32.82	50.83	61.31	84.27	92.01	96.65	99.87	100			
	0.022	5.63	11.40	22.88	44.20	62.76	71.84	88.34	93.10	95.90	98.15	98.90	100		
	0.026 5	5.69	11.43	22.23	46.29	67.39	76.49	90.01	93.24	95.18	97.17	98.24	100		
	0.030	5.50	10.82	21.06	45.24	67.71	77.60	92.01	95.07	96.63	97.95	98.62	100		
3~6	0.017	8.22	17.50	33.32	57.07	75.57	83.84	96.29	98.76	99.72	100				
	0.022	4.54	8.90	17.18	36.89	58.48	69.39	87.75	92.30	94.78	96.89	97.91	99.77	100	
	0.026 5	4.64	9.06	17.00	33.79	53.82	65.29	87.64	93.89	97.19	99.20	99.42	99.66	100	
	0.030	4.36	8.32	15.44	31.88	52.82	64.95	88.48	94.91	98.17	99.90	100			
6~10	0.017	4.70	9.00	17.33	37.19	59.52	71.26	91.80	96.75	99.03	100				
	0.022	4.33	8.30	15.81	33.31	54.58	66.53	89.11	95.16	98.21	99.88	100			
	0.026 5	3.87	7.20	13.50	27.91	46.51	58.12	83.74	92.08	96.88	99.94	100			

（4）滤层厚度为30cm时，原水颗粒质量分数为0.5‰条件下测得的滤后水颗粒粒度分布详见图5-5，对应的数据见表5-5。

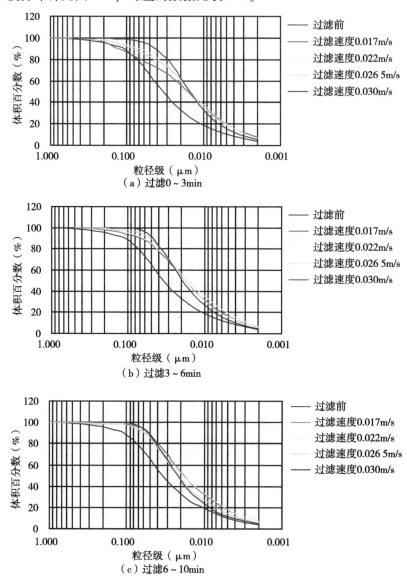

图5-5　原水颗粒质量分数0.5‰时滤后水粒度分布

表 5-5 原水颗粒质量分数 0.5‰时不同粒径级的体积百分比

时间段 (min)	过滤速度 (m/s)	小于该粒径 (μm) 的体积百分比 (%)													
		0.002	0.004	0.008	0.016	0.025	0.031	0.050	0.062	0.075	0.100	0.125	0.250	0.500	1.000
过滤前	4.10	8.28	15.64	26.97	38.59	46.07	65.62	74.22	80.86	88.48	92.29	96.70	99.24	100	
0~3	0.017	7.39	15.81	29.78	49.23	62.22	67.54	76.25	79.30	82.00	86.43	90.04	98.43	100	
	0.022	7.16	15.22	28.97	51.17	68.17	75.29	85.88	88.65	90.64	93.42	95.51	99.70	100	
	0.026 5	7.16	15.77	30.83	52.62	67.45	73.50	83.07	86.07	88.45	91.80	94.09	97.94	99.51	100
	0.030	5.77	12.14	25.88	52.23	72.63	81.11	93.43	96.18	97.65	98.86	99.35	99.96	100	
3~6	0.017	6.36	13.38	25.60	44.95	62.09	70.51	85.02	88.93	91.31	93.86	95.48	99.26	100	
	0.022	7.09	15.45	29.70	49.02	64.25	71.79	85.68	89.84	92.51	95.34	96.94	99.75	100	
	0.026 5	6.07	12.99	25.23	45.03	63.50	72.92	89.40	93.55	95.69	97.26	97.91	99.57	100	
	0.030	5.03	10.44	21.33	41.57	62.00	72.76	91.99	96.77	99.01	100				
6~10	0.017	6.82	14.31	26.73	45.00	62.35	71.73	89.39	94.18	96.70	98.35	98.77	99.63	100	
	0.022	6.80	14.66	27.92	45.54	60.41	68.59	85.67	91.24	94.69	97.63	98.66	99.70	100	
	0.026 5	5.41	11.47	22.04	38.40	55.49	65.48	86.01	92.15	95.54	97.79	98.21	98.91	99.90	100
	0.030	4.59	9.24	18.63	36.37	55.57	66.51	88.37	94.71	98.09	100				

5.1.2 对滤后水颗粒粒度分布的影响效应分析

5.1.2.1 不同过滤速度对滤后水的粒度分布的影响规律

从图 5-1 到图 5-2 是 80cm 滤层厚度时测定的滤后水的粒度分布情况。图 5-1 和表 5-1 是原水颗粒质量分数为 0.8‰时滤后水的粒度分布情况。从图 5-1 和表 5-1 可以看出，其粒度分布线是一个"S"形的曲线，不同的过滤速度时曲线都呈现上下两端相靠近，中间段分离开的现象。在时间段 1~3min 和 3~5min，粒度分布曲线基本上相接近，差别不明显，在 5~10min，速度 0.017m/s 的曲线出现异常现象。总的来说，随着时间增加，粒径小于 0.1mm 的颗粒体积百分比在逐渐增加，向 100%靠拢。图 5-2 和表 5-2 是原水颗粒质量分数为 0.5‰时滤后水的粒度分布情况，可以看出，其分布规律与图 5-1 和表 5-1 的基本相似，只是随着时间的增加不同速度的分布曲线更加接近些。虽然不同速度下的分布曲线规律性不同，但是小于 0.1mm 的颗粒所占体积比全部达到或接近 100%。

图 5-3 和表 5-3 是滤层厚度 60cm，原水颗粒质量分数为 0.8‰时滤后水的粒度分布情况，可以看出，虽然不同速度下的分布曲线规律性不同，但是小于 0.10mm 的颗粒所占体积比全部达到或接近 100%。

图 5-4 和表 5-4 是滤层厚度 40cm 时测定的滤后水的粒度分布情况。可以看出，不同速度的分布曲线较为接近，大于 0.125mm 的颗粒含量基本上达到了 100%（大于 0.1mm 的颗粒含量为零）。

图 5-5 和表 5-5 是滤层厚度 30cm 时测定的滤后水的粒度分布情况，它的不同速度的曲线在前 6min 较为分散，6min 后逐渐趋于稳定，速度 0.03m/s 时小于 0.1mm 的颗粒体积比还达到了 100%。此时有大约 2%左右的大于 0.1mm 粒径的颗粒穿过了滤层，如若在微灌工程中使用就会形成大颗粒进入灌溉系统，堵塞灌水器的流道的现象。

综合分析上述 5 组试验数据，无论是滤层厚度和原水颗粒质量分数的大小如何，过滤速度对滤后水的颗粒分布的影响并不显著。

5.1.2.2 不同滤层厚度对滤后水的粒度分布的影响规律

比较图 5-1 至图 5-4 以及表 5-1 至表 5-4 可以看出，在滤层厚度为 80cm、50cm 和 40cm 时，绝大多数的情况是小于 0.1mm 粒径的颗粒所占的体积比接近或达到 100%。个别粒度分布曲线有异常现象可能是试验的误差或其他原因造成的，如图 5-1（c）中速度为 0.017m/s 的曲线，分析其原因是较为复杂的，有试验过程的问题，也可能是在测试过程中存在的问题。对于滤层厚度为 30cm 时的试验结果，从图 5-5 可以看出，此时小于 0.1mm 的颗粒所占的体积比较前面 3 个滤层厚度有明显减少，虽然 6min 后小于 0.1mm 的颗粒所占的体积百分比达到了 98%左右。当然也有个别异常情况发生，如 5-5（c）中速度为 0.03m/s 时小于 0.1mm 的颗粒所占的体积百分比达到了 100%。

综合分析，在不同的滤层厚度条件下，滤层厚度越大对滤后水的颗粒分布的影响越稳定，从表 5-1 至表 5-5 中小于 0.1mm 的颗粒所占的体积百分比数字看得更清楚。厚度大于在 40cm 时小于 0.1mm 的颗粒所占的体积百分比达到或接近 100%，而当滤层厚度为 30cm 其过滤效果相对差些，稳定后小于 0.1mm 的颗粒所占的体积百分比接近了 98%。据此可以判定滤层厚度为 30cm 是不合适的，在 40cm 以上较为合理些。

5.1.2.3 关于滤后水的粒度分布试验结果分析

把粒度分布运用于微灌过滤器的试验研究，国内外相关的文献资料极为少见，翟国亮开展的此项试验也是在不断探索和改进中进行。该课题组开展了上百次的试验和无数次的重复试验，其试验结果所展示的规律性与浊度试验时的指标相对较一致，但采用颗粒粒度分布为指标来衡量过滤效果其优点是很明显的。粒度分布试验可以很明显看出水质中可能堵塞微灌系统的大颗粒分布情况，可直接判断出水质对微灌系统堵塞的可能性。浊度指标只能是一个表示水质混浊程度，而无法直接反映水质中悬浮颗粒径的大小与分布，所以对于微灌来说衡量过滤效果的指标采用粒度分布是较为合适的，

但是，粒度分布试验是一个较为精细和复杂的试验，一般情况下其误差相对较大，可重复行较差，造成误差的原因有很多。首先是滤料颗粒的偏差，不同的生产厂家及不同的生产批次都会有不同的差异；其次是试验设施和材料的误差，如泥沙样品的选择、原水成分、混合的均匀性等，也不同程度地影响着试验结果；再次是由于委托黄河水利科学院进行颗粒粒度分析，其间样品的运输、搬运、等待等过程同样也会产生误差；最后是激光粒度仪在分析过程中也存在一定的偏差。

基于颗粒粒度分析的试验误差较大，试验数据的可靠性较低，所以从精确量化的角度来研究并无实际的应用价值，所以本研究没有针对不同滤层厚度和过滤速度对滤后水的颗粒粒度分布的影响建立数字化计算模型，只是从宏观上归纳了其影响规律，并与浊度指标试验的结果进行印证。

5.1.3 排污水颗粒粒度随时间的分布规律试验

5.1.3.1 不同反冲洗速度对排污水的粒度分布的影响

本试验共开展了 80cm、60cm、40cm、30cm 共 4 个滤层厚度的试验，从试验的结果看其数据出入不大，此处仅选择 80cm 厚度时的数据进行分析。图 5-6 是滤

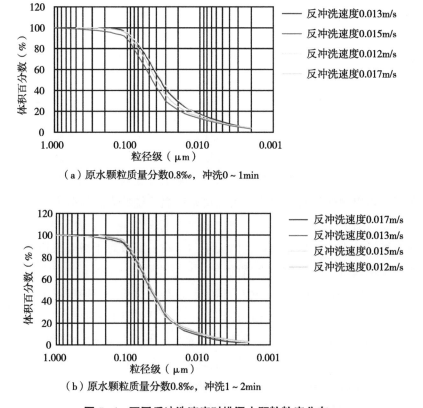

（a）原水颗粒质量分数0.8‰，冲洗0～1min

（b）原水颗粒质量分数0.8‰，冲洗1～2min

图 5-6 不同反冲洗速度时排污水颗粒粒度分布

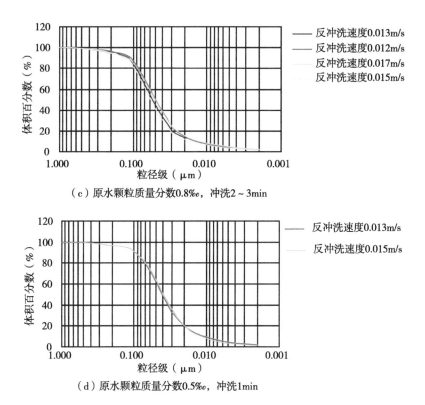

（c）原水颗粒质量分数0.8‰，冲洗2～3min

（d）原水颗粒质量分数0.5‰，冲洗1min

图 5-6 （续）

层厚度 80cm 时测得的一组不同反冲洗速度时排污水的颗粒粒度分布，原水颗粒质量分数分别是 0.8‰和 0.5‰。由于原水颗粒质量分数对反冲洗排污水的粒度分布的关系不大，这里将其作为一个试验重复考虑。

图 5-6 是对滤层厚度为 80cm 时测得的一组不同速度的反冲洗排污水的泥沙颗粒粒度分布曲线，从图 5-7 中（a）（b）（c）和（d）均可以看出不同的反冲洗速度条件下，其粒度分布曲线基本是重合的，这说明在反冲洗过程中堵塞在滤层中和滤层表面上的泥沙颗粒在受到反向水流的作用下，在相同时段排除的污水中泥沙颗粒粒度分布规律是基本相同的。它印证了第 4 章中用浊度指标判断反冲洗时间的结论："不同的反冲洗速度其反冲洗时间上限值应小于 7min"。

5.1.3.2 不同时间段反冲洗排污水的粒度分布的规律

滤层厚度 80cm 和 30cm 时测得的两组不同反冲洗速度时排污水的颗粒粒度

分布，详见图 5-7 和图 5-8。

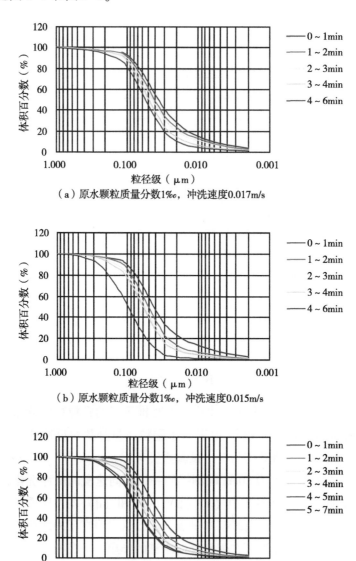

（a）原水颗粒质量分数1‰，冲洗速度0.017m/s

（b）原水颗粒质量分数1‰，冲洗速度0.015m/s

（c）原水颗粒质量分数1‰，冲洗速度0.013m/s

图5-7　滤层厚度为80cm时排污水颗粒粒度分布

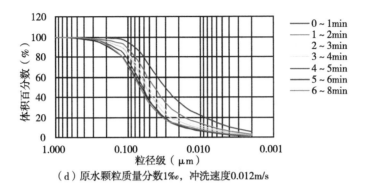

（d）原水颗粒质量分数1‰，冲洗速度0.012m/s

图5-7（续）

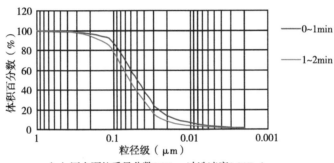

（a）原水颗粒质量分数0.3‰，冲洗速度0.017m/s

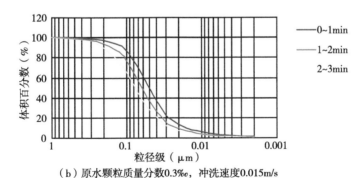

（b）原水颗粒质量分数0.3‰，冲洗速度0.015m/s

图5-8 滤层厚度为30cm时排污水颗粒粒度分布

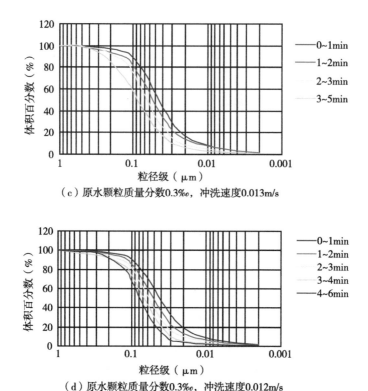

（c）原水颗粒质量分数0.3‰，冲洗速度0.013m/s

（d）原水颗粒质量分数0.3‰，冲洗速度0.012m/s

图5-8（续）

从图5-7和图5-8可以看出在相同时段排除的污水中泥沙颗粒分布规律是基本相同的。随着时间的推移粒度分布线逐渐向图的左边移动，即大颗粒所占的体积百分比逐渐在增加，这说明在反冲洗排污过程中粒径较小的颗粒首先排出来，粒径较大的在后面排出。与第4章的反冲洗浊度指标变化规律比较，排污水浊度值在0~5min快速下降，5~6min后基本接近清水值；而粒度分布显示大颗粒在最后排出，显然仅仅依靠浊度指标来判定反冲洗时间是不准确的。

5.1.3.3 不同滤层厚度反冲洗排污水的粒度分布的规律

现选择反冲洗速度为0.017m/s的4个滤层厚度的排污水粒度分布数据进行比较，具体的试验数据如下。

（1）滤层厚度80cm时排污水粒度分布如图5-9所示，数据如表5-6所示。

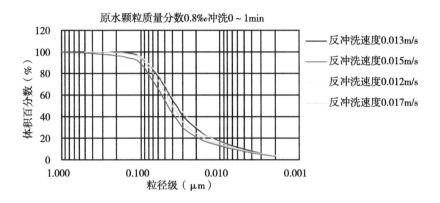

图 5-9 滤层厚度 80cm 时排污水粒度分布

表 5-6 不同粒径级的体积百分比

反冲洗速度 (m/s)	小于该粒径（μm）的体积百分比（%）													
	2	4	8	16	25	31	50	62	75	100	125	250	500	1 000
0.017	1.932	3.398	6.874	13.199	21.938	29.379	54.269	67.018	77.288	88.947	94.218	97.765	99.391	100

（2）滤层厚度 60cm 时排污水粒度分布如图 5-10 所示，数据如表 5-7 所示。

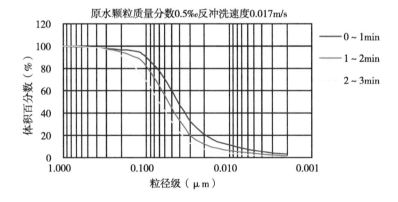

图 5-10 滤层厚度 60cm 时排污水粒度分布

表 5-7 不同粒径级的体积百分比

时间 （min）	小于该粒径（μm）的体积百分比（%）													
	2	4	8	16	25	31	50	62	75	100	125	250	500	1 000
0~1	2.87	5.35	9.71	16.91	27.14	35.31	60.20	71.95	81.00	90.73	94.82	97.23	99.22	100
1~2	1.59	2.82	5.35	9.57	16.15	22.34	45.05	57.73	68.62	82.19	89.30	96.77	99.21	100
2~3	0.98	1.69	3.22	5.93	10.31	14.66	32.14	43.09	53.45	68.48	78.31	94.80	99.24	100

（3）滤层厚度 40cm 时排污水粒度分布如图 5-11 所示，数据如表 5-8 所示。

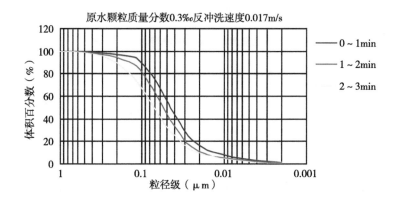

图 5-11 滤层厚度 40cm 时排污水粒度分布

表 5-8 不同粒径级的体积百分比

时间 （min）	小于该粒径（μm）的体积百分比（%）													
	2	4	8	16	25	31	50	62	75	100	125	250	500	1 000
0~1	1.780	3.160	6.264	12.373	21.956	30.007	55.754	68.437	78.463	89.660	94.681	98.419	99.664	100
1~2	1.354	2.277	4.493	8.948	15.809	22.034	44.577	57.189	68.080	81.808	89.108	96.867	99.280	100
2~3	0.959	1.753	3.527	7.479	12.666	16.914	32.836	42.886	52.631	67.237	77.076	93.868	98.822	100

（4）滤层厚度 30cm 时排污水粒度分布如图 5-12 所示，数据如表 5-9 所示。

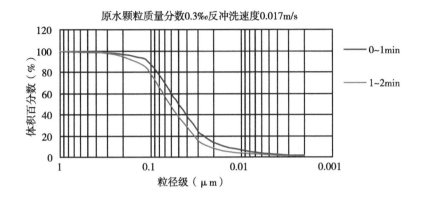

图 5-12　滤层厚度 30cm 时排污水粒度分布

表 5-9　不同粒径级的体积百分比

时间 (min)	小于该粒径（μm）的体积百分比（%）													
	2	4	8	16	25	31	50	62	75	100	125	250	500	1 000
0~1	1.554	2.666	5.242	10.45	18.54	25.66	50.17	63.17	73.96	86.75	92.95	98.01	99.40	
1~2	1.065	1.736	3.345	6.65	11.78	16.89	37.80	50.68	62.40	77.99	86.73	96.50	98.82	100

比较表 5-6 至表 5-9 中 0~1min 的体积百分比数据，在 0.05mm、0.10mm 和 0.50mm 这 3 个粒径值对应的体积百分比发现，其值随滤层厚度由小到大的顺序粒度百分比分别是：

0.05mm 时为 50.165%、55.754%、60.2‰、54.269%；

0.10mm 时为 86.753%、89.66%、90.73‰、88.947%；

0.50mm 时为 99.403%、99.664%、99.22‰、99.391%。

从这 3 组典型数据可以看出，其并没有明显的规律可循，显然反冲洗排污水的粒度分布与滤层厚度的关系并不明显。

5.2　基于泥沙颗粒含量指标下过滤与反冲洗试验分析

在前面的微灌水质标准中提到，固体颗粒含量的大小是判定水质是否易于堵塞的重要标准之一，当水质固体颗粒含量较大时（比如国家标准规定大于100mg/L）必须对其进行处理。对于砂石过滤器来说，其过滤的功效之一是把大于某一粒径的固体颗粒阻隔在微灌系统之外，此外，它还具有截留或吸附一部分较小粒径颗粒的功效，这一功效对于筛网过滤器、叠片过滤器和水沙分离器来说是不具备的。前一功效在前文5.1中通过颗粒粒度分布的试验开展了研究，后者则需要通过颗粒含量试验来分析研究其规律性。因此本试验同样选择过滤速度、滤层厚度和原水颗粒质量分数3个影响因素。下文所说的原水含量与原水颗粒质量分数是不同的两个概念，它是指在过滤模型的上游提取水样测定泥沙颗粒含量，单位是g/L。

它与配制的原水颗粒质量分数有直接关系，但由于原水在搅拌和输送过程中部分泥沙的沉淀损耗及溶解，在过滤模型前端提取的水质的颗粒含量已经无法保证和配制的颗粒质量分数相一致。严格上讲在试验过程中受输送、搅拌等水力要素的作用，原水颗粒含量是在不停地变化中，这就可以解释为什么在测试的数据表中颗粒含量的减少比率出现负数情况。然而其变化幅度是有限的，为了使试验的结果具有代表性，本试验重复次数较多，在统计分析中可以弥补上述变化带来的干扰，找出最基本的过滤规律。

在反冲洗方面，前面从浊度、粒度分析的角度研究了不同的反冲洗速度、滤层厚度和原水颗粒质量分数时排污水水质变化规律，此次颗粒含量试验则从排污水颗粒含量的变化情况，来分析反冲洗排污过程的水质变化规律。

5.2.1 对滤后水颗粒含量的影响效应分析

本部分主要研究不同滤层厚度、原水颗粒质量分数、过滤速度时，对滤后水的颗粒含量的影响规律。下面是在滤层厚度分别为60cm、40cm和30cm，原水配制颗粒质量分数为0.3‰、0.5‰和0.8‰时，所测试的滤后水颗粒含量数据进行整理后汇总成表5-10至表5-12。原水颗粒质量分数是指在原水配制时，添加的泥沙重量与洁净水的重量比，为了便于区别现引入原水含量参数，它是指在过滤模型上游提取水样测得颗粒含量，而不是原水配制的颗粒质量分数。

5.2.1.1 试验数据与统计

为了便于数据分析，与采用浊度分析时相类似的手段，引入颗粒含量减少比率的概念，减少比率就等于滤后水平均颗粒含量与原水含量相比，减少的百分比值，平均颗粒含量是指表 5-10、表 5-11 或表 5-12 中不同原水颗粒质量分数时，其 11 个时间段测定的颗粒含量的平均数。

表 5-10　滤层厚度 60cm 时不同过滤速度滤后水颗粒含量

原水颗粒质量分数	时间（min）	不同过滤速度滤后水颗粒含量（g/L）			
		0.017m/s	0.022m/s	0.026 5m/s	0.030m/s
0.3‰	原水含量	0.075	0.261	0.146	0.213
	0	0.047	0.310	0.119	0.239
	1	0.025	0.177	0.103	0.138
	2	0.060	0.105	0.017	0.224
	3	0.038	0.234	0.048	0.169
	4	0.069	0.287	0.081	0.059
	5	0.057	0.287	0.066	0.194
	6	0.047	0.258	0.109	0.198
	7	0.035	0.165	0.087	0.152
	8	0.000	0.211	0.130	0.086
	9	0.069	0.308	0.092	0.221
	10	0.057	0.322	0.145	0.169
0.5‰	原水含量	0.377	0.301	0.170	0.261
	0	0.080	0.138	0.139	0.147
	1	0.055	0.077	0.099	0.064
	2	0.147	0.032	0.058	0.050
	3	0.180	0.150	0.058	0.123
	4	0.196	0.105	0.170	0.089
	5	0.221	0.126	0.033	0.262
	6	0.192	0.126	0.082	0.170
	7	0.168	0.150	0.195	0.053
	8	0.192	0.127	0.221	0.170
	9	0.147	0.116	0.048	0.110
	10	0.211	0.126	0.107	0.170

（续表）

原水颗粒质量分数	时间（min）	不同过滤速度滤后水颗粒含量（g/L）			
		0.017m/s	0.022m/s	0.026 5m/s	0.030m/s
0.8‰	原水含量	0.539	0.567	0.465	0.302
	0	0.196	0.227	0.255	0.464
	1	0.184	0.260	0.164	0.230
	2	0.198	0.433	0.134	0.244
	3	0.114	0.344	0.245	0.296
	4	0.259	0.295	0.184	0.231
	5	0.285	0.439	0.251	0.224
	6	0.425	0.350	0.266	0.296
	7	0.339	0.482	0.308	0.214
	8	0.369	0.456	0.083	0.175
	9	0.253	0.443	0.245	0.326
	10	0.324	0.274	0.296	0.270

表 5-11　滤层厚度 40cm 时不同过滤速度滤后水颗粒含量

原水颗粒质量分数	时间（min）	不同过滤速度滤后水颗粒含量（g/L）			
		0.017m/s	0.022m/s	0.026 5m/s	0.030m/s
0.3‰	原水含量	0.196	0.181	0.189	0.101
	0	0.130	0.120	0.068	0.075
	1	0.109	0.112	0.080	0.049
	2	0.166	0.148	0.068	0.056
	3	0.178	0.124	0.069	0.050
	4	0.145	0.122	0.090	0.110
	5	0.133	0.112	0.151	0.030
	6	0.197	0.157	0.177	0.075
	7	0.064	0.067	0.177	0.101
	8	0.158	0.067	0.082	0.115
	9	0.185	0.022	0.020	0.093
	10	0.108	0.033	0.092	0.082

5 基于粒度分布、颗粒含量指标下非均质滤料对泥沙颗粒过滤与反冲洗试验 ⚠

（续表）

原水颗粒质量分数	时间（min）	不同过滤速度滤后水颗粒含量（g/L）			
		0.017m/s	0.022m/s	0.026 5m/s	0.030m/s
0.5‰	原水含量	0.369	0.371	0.398	0.190
	0	0.218	0.180	0.162	0.124
	1	0.116	0.148	0.149	0.164
	2	0.231	0.120	0.128	0.132
	3	0.227	0.180	0.166	0.151
	4	0.142	0.199	0.140	0.290
	5	0.155	0.111	0.166	0.119
	6	0.187	0.205	0.128	0.179
	7	0.147	0.144	0.159	0.208
	8	0.121	0.236	0.220	0.164
	9	0.153	0.156	0.220	0.119
	10	0.142	0.236	0.194	0.164
0.8‰	原水含量	0.382	0.455	0.426	0.352
	0	0.209	0.260	0.386	0.155
	1	0.238	0.373	0.249	0.357
	2	0.290	0.330	0.268	0.186
	3	0.367	0.361	0.268	0.236
	4	0.438	0.342	0.363	0.259
	5	0.422	0.314	0.299	0.328
	6	0.353	0.455	0.292	0.225
	7	0.234	0.263	0.360	0.178
	8	0.367	0.354	0.267	0.247
	9	0.354	0.367	0.286	0.223
	10	0.353	0.385	0.317	0.293

表 5-12　滤层厚度 30cm 时不同过滤速度滤后水颗粒含量

原水颗粒质量分数	时间（min）	不同过滤速度滤后水颗粒含量（mg/L）			
		0.017m/s	0.022m/s	0.026 5m/s	0.030m/s
0.3‰	原水含量	0.241	0.229	0.227	0.220
	0	0.120	0.178	0.120	0.162
	1	0.107	0.168	0.146	0.189
	2	0.081	0.191	0.104	0.162
	3	0.105	0.142	0.115	0.111
	4	0.064	0.203	0.213	0.096
	5	0.094	0.212	0.120	0.162
	6	0.102	0.223	0.131	0.130
	7	0.088	0.205	0.154	0.193
	8	0.105	0.129	0.125	0.167
	9	0.162	0.160	0.115	0.149
	10	0.118	0.117	0.127	0.176
0.5‰	原水含量	0.244	0.260	0.273	0.218
	0	0.260	0.152	0.117	0.161
	1	0.159	0.145	0.114	0.148
	2	0.147	0.158	0.190	0.126
	3	0.174	0.171	0.276	0.213
	4	0.217	0.203	0.203	0.218
	5	0.275	0.271	0.151	0.268
	6	0.260	0.245	0.253	0.194
	7	0.118	0.158	0.169	0.161
	8	0.216	0.171	0.249	0.237
	9	0.287	0.165	0.164	0.243
	10	0.203	0.301	0.215	0.294

（续表）

原水颗粒质量分数	时间（min）	不同过滤速度滤后水颗粒含量（mg/L）			
		0.017m/s	0.022m/s	0.026 5m/s	0.030m/s
0.8‰	原水含量	0.437	0.441	0.431	0.351
	0	0.325	0.211	0.189	0.279
	1	0.409	0.205	0.278	0.422
	2	0.325	0.305	0.367	0.358
	3	0.451	0.360	0.252	0.336
	4	0.286	0.303	0.473	0.422
	5	0.355	0.388	0.487	0.415
	6	0.368	0.231	0.317	0.375
	7	0.335	0.303	0.273	0.333
	8	0.423	0.303	0.431	0.375
	9	0.481	0.320	0.318	0.392
	10	0.492	0.399	0.429	0.399

经过对表5-10至表5-12的数据计算，可得出的颗粒含量减少比率，详见表5-13至表5-15，表中平均数A是指不同原水含量减少比率的平均数，平均数B则是不同速度时的平均数。

表5-13　滤层厚度60cm时滤后水颗粒含量平均减少比率

原水颗粒质量分数	项目	不同过滤速度下的测算结果				平均数B
		0.017m/s	0.022m/s	0.026 5m/s	0.030m/s	
0.3‰	原水含量（mg/L）	0.075	0.261	0.146	0.213	
	平均含量（mg/L）	0.046	0.242	0.091	0.168	
	减少比率（%）	38.67	7.28	37.67	21.13	26.18
0.5‰	原水含量（mg/L）	0.377	0.301	0.170	0.261	
	平均含量（mg/L）	0.163	0.116	0.11	0.128	
	减少比率（%）	56.76	61.46	35.29	50.96	51.55

（续表）

原水颗粒质量分数	项目	不同过滤速度下的测算结果				平均数 B
		0.017m/s	0.022m/s	0.026 5m/s	0.030m/s	
0.8‰	原水含量（mg/L）	0.539	0.567	0.465	0.302	
	平均含量（mg/L）	0.268	0.364	0.221	0.27	
	减少比率（%）	50.28	35.80	52.47	10.6	37.29
	平均数 A	48.57	33.18	41.81	27.56	38.34

表 5-14　滤层厚度 40cm 时滤后水颗粒含量平均减少比率

原水颗粒质量分数	项目	不同过滤速度下的测算结果				平均数 B
		0.017m/s	0.022m/s	0.026 5m/s	0.030m/s	
0.3‰	原水含量（mg/L）	0.196	0.181	0.189	0.101	
	平均含量（mg/L）	0.143	0.099	0.098	0.076	
	减少比率（%）	27.04	45.30	48.15	24.75	36.31
0.5‰	原水含量（mg/L）	0.369	0.371	0.398	0.190	
	平均含量（mg/L）	0.170	0.174	0.167	0.165	
	减少比率（%）	53.93	53.10	58.01	13.16	44.55
0.8‰	原水含量（mg/L）	0.382	0.455	0.426	0.352	
	平均含量（mg/L）	0.33	0.346	0.305	0.244	
	减少比率（%）	13.61	23.96	28.40	30.68	24.16
	平均数 A	31.53	40.79	44.85	22.86	35.00

表 5-15　滤层厚度 30cm 时滤后水颗粒含量平均减少比率

原水颗粒质量分数	项目	不同过滤速度下的测算结果				平均数 B
		0.017m/s	0.022m/s	0.026 5m/s	0.030m/s	
0.3‰	原水含量（mg/L）	0.241	0.229	0.227	0.220	
	平均含量（mg/L）	0.104	0.175	0.134	0.154	
	减少比率（%）	15.35	23.58	40.97	30.00	27.18

（续表）

原水颗粒质量分数	项目	不同过滤速度下的测算结果				平均数 B
		0.017m/s	0.022m/s	0.026 5m/s	0.030m/s	
0.5‰	原水含量（mg/L）	0.244	0.260	0.273	0.218	
	平均含量（mg/L）	0.21	0.195	0.191	0.206	
	减少比率（%）	13.93	25.0	30.04	5.83	18.70
0.8‰	原水含量（mg/L）	0.437	0.441	0.431	0.351	
	平均含量（mg/L）	0.386	0.303	0.347	0.373	
	减少比率（%）	11.67	31.29	19.49	—	20.82
	平均数 A	13.65	26.62	30.17	—	22.23

5.2.1.2 试验数据结果分析

（1）不同过滤速度对滤后水的颗粒含量的影响规律。从表 5-13 可以看出，在滤层厚度 60cm 原水颗粒质量分数值为 0.3‰、0.5‰和 0.8‰时，随着过滤速度的增加表现为颗粒含量减少比率的明显下降，下降幅度多者 40%，少者也有 6%左右。从表 5-14 可以看出在滤层厚度 40cm 原水颗粒质量分数值为 0.3‰、0.5‰时，随着过滤速度的增加仍表现为颗粒含量减少比率明显下降的趋势，但在原水颗粒质量分数为 0.8‰时其出现了截然不同的减少比率明显上升的现象。从表 5-15 可以看出在滤层厚度 30cm 原水颗粒质量分数值为 0.3‰、0.5‰时，随着过滤速度的增加表现为颗粒含量减少比率的不稳定，上升或下降趋势不很明显，甚至在过滤速度为 0.03m/s 时颗粒含量减少比率出现了负值，这显然与常规的观念相背离。从表 5-13 至表 5-15 可以得出结论，过滤速度与滤后水的颗粒含量有反向关联的关系，这种关联关系与滤层的厚度等多种因素相关。前面已经提到由于影响颗粒含量试验的因素多，所以这里无法统计出其可靠数学关系式表示，此试验可以为类似的过滤试验提供试验分析方法。

（2）不同滤层厚度对滤后水的颗粒含量的影响规律。比较表 5-13、表 5-14 和表 5-15 可以看出，其颗粒颗粒减少比率的平均值随着滤层厚度的减少，3 个滤层厚度平均减少比率分别是 38.34%、35%和 22.23%，显然呈现为递减趋势，这说明滤层厚度与滤后水的颗粒含量关系比较密切，这一结果与浊度试验得出的结果相一致。

（3）不同原水颗粒质量分数对滤后水的颗粒含量的影响规律。比较表5-13、表5-14和表5-15可以看出，在相同的速度或滤层厚度下，其颗粒颗粒减少比率与原水颗粒质量分数并没有太大的相关性。

（4）对影响因素的比较。很显然从上述3个因素对滤后水的颗粒含量影响结果来看，滤层厚度影响效果最大，过滤速度次之，原水颗粒质量分数的影响很模糊，即可以认为不受原水颗粒质量分数的影响。这一影响规律在实际应用中可以指导微灌过滤系统的设计。例如，在微灌工程选择过滤器时，如果原水中的固体颗粒含量较大，需要减少这一含量时应更多地考虑增加滤层的厚度，靠降低过滤速度来实现颗粒含量的减少是有限的。

5.2.2 不同反冲洗速度时排污水颗粒含量随时间的分布规律

5.2.2.1 试验数据与统计

本试验主要研究不同滤层厚度、原水颗粒质量分数、反冲洗速度时，对排污水颗粒含量的影响规律。在滤层厚度分别为60cm、40cm和30cm，原水颗粒质量分数为0.3‰、0.5‰和0.8‰时，测试排污水颗粒含量数据并进行整理，然后汇总成表5-16至表5-18，以及图5-13至图5-15。

表5-16　滤层厚度60cm反冲洗排污水颗粒含量

原水颗粒质量分数	时间（min）	不同反冲洗速度排污水颗粒含量（g/L）			
		0.017m/s	0.015m/s	0.013m/s	0.012m/s
0.3‰	0	1.856	1.461	1.614	1.384
	1	0.827	0.884	0.558	0.936
	2	0.318	0.159	0.406	0.535
	3	0.260	0.029	0.351	0.264
	4	0.189	0.029	0.326	0.071
	5	0.167	0.018	0.313	0.047
	6	0.238	0.022	0.259	0.034
	7	0.119	0.038	0.326	0.060
	8	0.116	0.100	0.272	0.071
	9	0.068	0.026	0.326	0.071
	10	0.067	0.010	0.217	0.076

（续表）

原水颗粒质量分数	时间（min）	不同反冲洗速度排污水颗粒含量（g/L）			
		0.017m/s	0.015m/s	0.013m/s	0.012m/s
0.5‰	0	3.387	2.764	1.637	1.620
	1	1.088	1.150	0.930	1.314
	2	0.205	0.502	0.826	0.719
	3	0.144	0.021	0.465	0.337
	4	0.114	0.050	0.201	0.084
	5	0.088	0.130	0.248	0.026
	6	0.099	0.076	0.156	0.050
	7	0.099	0.025	0.156	0.036
	8	0.065	0.025	0.109	0.014
	9	0.054	0.000	0.130	0.014
	10	0.031	0.006	0.130	0.000
0.8‰	0	3.020	2.565	2.613	1.883
	1	0.831	1.940	1.948	1.779
	2	0.176	0.222	0.685	0.833
	3	0.088	0.163	0.449	0.563
	4	0.035	0.005	0.188	0.268
	5	0.071	0.043	0.130	0.145
	6	0.059	0.032	0.071	0.079
	7	0.061	0.029	0.049	0.039
	8	0.041	0.020	0.027	0.146
	9	0.012	0.000	0.072	0.081
	10	0.005	0.009	0.092	0.012

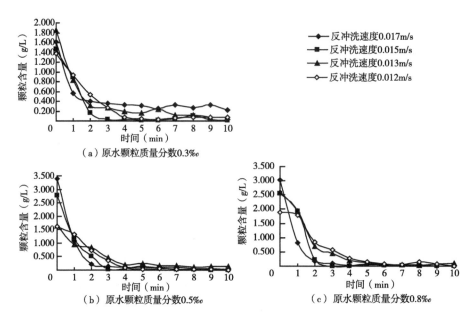

图 5-13　滤层厚度 60cm 反冲洗排污水颗粒含量分时图

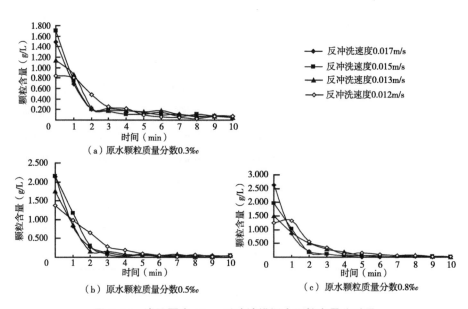

图 5-14　滤层厚度 40cm 反冲洗排污水颗粒含量分时图

表 5-17　滤层厚度 40cm 反冲洗排污水颗粒含量

原水颗粒质量分数	时间（min）	不同反冲洗速度排污水颗粒含量（g/L）			
		0.017m/s	0.015m/s	0.013m/s	0.012m/s
0.3‰	0	1.483	1.699	1.144	0.838
	1	0.682	0.742	0.869	0.805
	2	0.204	0.208	0.228	0.482
	3	0.216	0.163	0.184	0.247
	4	0.182	0.108	0.183	0.220
	5	0.146	0.108	0.158	0.091
	6	0.101	0.142	0.181	0.066
	7	0.112	0.075	0.110	0.044
	8	0.062	0.106	0.078	0.029
	9	0.086	0.072	0.068	0.070
	10	0.068	0.046	0.050	0.078
0.5‰	0	2.129	2.147	1.761	1.380
	1	0.820	1.163	0.851	0.986
	2	0.263	0.300	0.161	0.646
	3	0.120	0.082	0.161	0.277
	4	0.048	0.039	0.072	0.182
	5	0.098	0.064	0.043	0.094
	6	0.050	0.019	0.052	0.045
	7	0.049	0.023	0.076	0.022
	8	0.048	0.027	0.020	0.066
	9	0.049	0.015	0.021	0.023
	10	0.039	0.046	0.050	0.044
0.8‰	0	2.637	1.963	1.494	1.248
	1	0.861	1.035	0.900	1.334
	2	0.218	0.182	0.500	0.563
	3	0.118	0.115	0.292	0.345
	4	0.063	0.049	0.202	0.118
	5	0.005	0.049	0.066	0.163
	6	0.009	0.026	0.077	0.093
	7	0.030	0.027	0.066	0.061
	8	0.027	0.025	0.077	0.067
	9	0.009	0.037	0.019	0.029
	10	0.012	0.013	0.008	0.019

表 5-18 滤层厚度 30cm 反冲洗排污水颗粒含量

原水颗粒质量分数	时间（min）	不同反冲洗速度排污水颗粒含量（g/L）			
		0.017m/s	0.015m/s	0.013m/s	0.012m/s
0.3‰	0	1.466	1.227	0.856	0.629
	1	0.662	0.561	0.564	0.613
	2	0.156	0.332	0.240	0.362
	3	0.180	0.230	0.143	0.250
	4	0.081	0.148	0.113	0.120
	5	0.145	0.190	0.041	0.086
	6	0.100	0.158	0.029	0.025
	7	0.108	0.099	0.053	0.011
	8	0.119	0.056	0.029	0.011
	9	0.100	0.062	0.017	0.035
	10	0.092	0.054	0.041	0.011
0.5‰	0	1.824	1.736	1.474	1.304
	1	0.589	0.595	1.128	1.139
	2	0.122	0.315	0.272	0.596
	3	0.086	0.184	0.162	0.175
	4	0.086	0.115	0.106	0.182
	5	0.083	0.058	0.123	0.085
	6	0.062	0.046	0.093	0.023
	7	0.059	0.045	0.037	0.023
	8	0.035	0.070	0.012	0.023
	9	0.033	0.046	0.012	0.011
	10	0.039	0.070	0.055	0.000
0.8‰	0	2.209	2.675	1.484	1.126
	1	0.856	1.639	1.453	1.117
	2	0.163	0.563	0.728	0.845
	3	0.080	0.159	0.497	0.328
	4	0.045	0.147	0.191	0.220
	5	0.032	0.135	0.129	0.243
	6	0.008	0.083	0.129	0.134
	7	0.032	0.110	0.123	0.047
	8	0.008	0.086	0.123	0.033
	9	0.033	0.020	0.089	0.027
	10	0.045	0.041	0.066	0.044

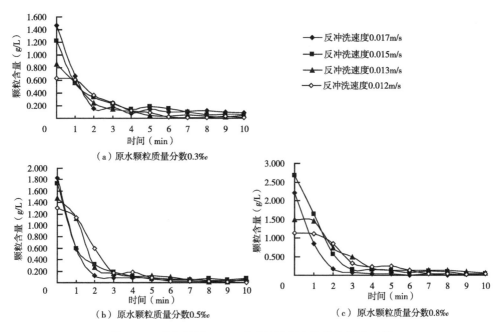

（a）原水颗粒质量分数0.3‰

（b）原水颗粒质量分数0.5‰

（c）原水颗粒质量分数0.8‰

图 5-15　滤层厚度 30cm 反冲洗排污水颗粒含量分时图

5.2.2.2　试验结果与分析

（1）不同反冲洗速度对排污水颗粒含量的影响规律。从表 5-16 至表 5-18 可以看出，反冲洗速度越大在初始时（时间为 0）颗粒含量就越大，速度越大颗粒含量初始值下降 90% 所需的时间越短。如在滤层厚度为 40cm 或 30cm，速度为 0.017m/s 时，平均在 3min 就可以使初始颗粒含量值下降 90%。而速度为 0.012m/s 时，平均需要 5min，初始值才能下降 90% 以上。

表 5-19 是不同速度时对反冲洗排污水 10min 内测得的 11 次取样颗粒含量的数值累积，它可以代表在此 10min 内共计排除的固体颗粒的总量。从比较这些累积值可以看出，累积值与反冲洗速度并没有多大的关联性。把不同速度下各累积值合计后发现，其合计值相对差不超过 10%，这说明上述几个过滤速度下，在 10min 时间段内排除颗粒总量是相同的。于是可以得出这样的结论：在反冲洗排污过程中，当滤层中的颗粒含量相同时，反冲洗速度越大初始污水的颗粒含量最大，排污水的时间也越短。相反，速度越小排污水中初始颗粒含量越小，需要冲洗的时间越长。

从上述 3 个反冲洗排污水颗粒含量分时图 5-15 可以看出,在上述反冲洗速度下,一般情况 5~6min 后,颗粒含量基本处于稳定状态,这与第 3 章浊度试验的结果相一致。这一结论告诉我们,在实际微灌工程应用中,砂石过滤器反冲洗目标不应该定为把滤层内的颗粒全部冲洗干净,这样要耗费大量的冲洗用清洁水,一般情况定在 5min 左右较为合适。

表 5-19 不同过滤速度时颗粒含量累积值

滤层厚度 (cm)	原水颗粒 质量分数	不同过滤速度时颗粒含量累积值 (g/L)			
		0.017m/s	0.015m/s	0.013m/s	0.012m/s
60	0.3‰	4.225	2.776	4.968	3.549
	0.5‰	5.374	4.749	4.988	4.214
	0.8‰	4.399	4.865	6.324	5.828
40	0.3‰	3.342	3.469	3.253	2.970
	0.5‰	3.713	3.925	3.268	3.765
	0.8‰	3.989	3.521	3.701	4.040
30	0.3‰	3.209	3.117	2.126	2.153
	0.5‰	3.018	3.280	3.474	3.561
	0.8‰	3.511	5.658	5.012	4.164
合计		34.78	35.36	37.11	34.24

(2)不同滤层厚度对排污水颗粒含量的影响规律。现统计出初始颗粒含量(0 时间段)下降 90% 所用的时间,从表 5-20 合计一栏的数据可以看出滤层厚度的影响并不明显。

表 5-20 初始颗粒含量下降 90% 所在的时间段

滤层厚度 (cm)	原水颗粒 质量分数	不同过滤速度时初始颗粒含量下降 90% 所在的时间段 (min)				合计
		0.017m/s	0.015m/s	0.013m/s	0.012m/s	
60	0.3‰	5	3	11	4	51
	0.5‰	2	3	6	4	
	0.8‰	2	2	4	5	
	小计	9	8	21	13	

（续表）

滤层厚度 (cm)	原水颗粒质量分数	不同过滤速度时初始颗粒含量下降 90%所在的时间段（min）				合计
		0.017m/s	0.015m/s	0.013m/s	0.012m/s	
40	0.3‰	5	3	7	6	47
	0.5‰	3	1	2	5	
	0.8‰	2	2	5	6	
	小计	10	6	14	17	
30	0.3‰	4	7	5	6	54
	0.5‰	2	4	4	5	
	0.8‰	2	3	5	7	
	小计	8	14	14	18	
总计		27	28	49	48	

从表 5-20 的合计一栏可以看出，在上述 3 个滤层厚度条件下，初始颗粒含量下降 90%所需时间合计分别为 51min、47min 和 54min，几乎没有影响，所以滤层厚度对排污水颗粒含量的影响是有限的。于是可以得出如下结论：在微灌工程实际应用中设计过滤系统时，可不考虑滤层厚度对其反冲洗用水量的影响。

5.3 小 结

本研究分别以颗粒粒度分布、颗粒含量两个水质指标来分析过滤参数对滤后水水质的影响效应，以及反冲洗参数对排污水水质指标的影响规律。

（1）将粒度分布指标用于过滤器的试验研究，探讨了不同过滤速度、滤层厚度对滤后水颗粒粒度分布的影响规律，分析了粒度分布试验的偏差情况，并与浊度指标产生的结果进行了对照。

（2）针对反冲洗时排污水颗粒粒度分布随时间的变化规律，重点试验了不同反冲洗速度、滤层厚度对排污水粒度分布规律的影响效应。同时，还分析了不同时间段反冲洗排污水的粒度分布的规律。

（3）研究不同滤层厚度、原水颗粒质量分数、过滤速度时，对滤后水的颗粒含量的影响规律，并对各影响因素的影响效应进行了比较。

（4）研究了不同滤层厚度、反冲洗速度时，对排污水颗粒含量的影响规律。

6 非均质滤料滤层水力性能试验研究

本章重点介绍毛细管理论在微灌过滤中的应用时，滤层水头损失计算模型，并对滤层在过滤、反冲洗过程中其水力性能变化规律进行了试验，主要研究的指标是不同滤层深度水头损失的变化规律及不同反冲洗速度对滤层膨胀高度影响效应。

压差指标是过滤器的主要指标之一，它是指过滤器通过某一流量时，从过滤器进水口到出水口之间产生的水头损失，这一指标是用来决定是否需要对滤层进行清洗的唯一指标，当压差指标达到过滤器允许的最大压差时，必须对滤层进行清洗。过滤器的压差主要包括了沿程水头损失和滤层水头损失两部分，其中最主要的还是滤层的损失。

利用反向水流冲击滤层，使滤层中的滤料产生运动，这种运动是一种复杂的多项流体运动，在这种运动过程中，水流将夹带着截留在滤层中和滤料颗粒表面吸附的泥沙颗粒等杂质从过滤器排污口排出，清洗结束时关闭反向水流，于是膨胀起来的滤料颗粒逐渐回落恢复到滤层的原来状态，这就是一个完整的反冲洗过程。本章中重点研究滤料的膨胀高度和滤层厚度及流速的关系规律。

6.1 过滤过程中滤层水头损失研究

6.1.1 滤层水头损失数学模型分析

6.1.1.1 达西定律公式

早在 1856 年，H. DARCY 就针对水流在多孔介质中的运动规律开展了试验研究，其试验结果总结成了著名的达西定律公式[131]：

$$Q = KA(h_1 + h_2)/L \tag{6.1}$$

式中，Q 为流量；A 为横断面积；（h_1-h_2）为水头差；L 为流程长度；K 为比例系数。

这一公式说明，过滤流量的与滤层的水头差成正比，与滤层的厚度成反比。

6.1.1.2　Fair-Hatch 公式

Fair—Hatch 早在 20 世纪 70 年代，就根据绕流阻力水力学理论，推导出了滤层水头损失的计算公式：

$$\frac{h_0}{Z_0} = 0.178 \frac{k_D}{g} \frac{v^2}{\varepsilon_0^4} \frac{\phi_s}{\phi_v} \frac{1}{d} \qquad (6.2)$$

而对于不同滤料粒径所构成的滤层，可采用式（6.3）计算。

$$\frac{h_0}{Z_0} = 0.178 \frac{k_D}{g} \frac{v^2}{\varepsilon_0^4} \frac{\phi_s}{\phi_v} \sum \frac{p_1}{d_1} \qquad (6.3)$$

式 6.2 和 6.3 中，h_0 为清洁滤层水头损失，m；Z 为滤层厚度，m；d 为滤料当量直径，m；ε_0 为清洁滤层的孔隙率；v 为过滤速度，m/s；g 为重力加速度，m/s^2；ϕ_s 和 ϕ_v 为形状系数；K_D 为阻力系数；p_l 为 l 滤层厚度在整个滤层中所占的比例；d_l 为 l 滤层的有效粒径，m。

式（6.2）和式（6.3）是 Fair—Hatch 以滤池为研究对象推导得出的，一般认为其计算的结果和实际滤池测定数据较为接近。

6.1.1.3　Kozeny-carman 公式

Kozeny—carman 将滤层假想为过流的微细毛管，并从基本的达西定律公式出发，导出了滤速与过滤阻力之间的关系式：

$$v = \frac{1}{K} \frac{\varepsilon_0^3}{S_0^2} \frac{1}{\mu} \frac{\Delta P}{Z} = \frac{1}{K\mu} \frac{\varepsilon_0^3}{S_v^2(1-\varepsilon_0)^2} \frac{\nabla P}{Z} \qquad (6.4)$$

式中，S_0 为滤料比表面积；s_v 为滤料粒子的体积比表面积；$S_0 = S_v (1-\varepsilon_0)$；$K$ 为阻力常数，其值依赖于滤料颗粒的形状、尺寸及滤层的填充条件。

Kozeny-carman 公式在过滤理论中非常重要，几乎所有研究过滤阻力的成果都是以此方程为基本出发点的。景有海、张建锋等就是在毛细管理论基础上开展的研究。

6.1.1.4　Leva 公式

Leva 根据自己的研究成果给出了下面的水头损失计算公式：

$$h_0 = 200 \frac{\mu}{\rho g} \frac{vZ}{\varphi^2 d^2} \frac{(1 - \varepsilon_0)^2}{\varepsilon_0^3} \tag{6.5}$$

式中，Z 为滤层厚度，m；φ 为滤料的形状系数；μ 为水的动力黏滞系数，Pa·s。

对于分层结构滤池，其整个滤层的水头损失为逐层累加，此时仍假设孔隙度 ε_0、形状系数 φ 对整个滤层都是相同的。于是式（6.5）可改写为

$$H_0 = 200 \frac{\mu}{\rho g} \frac{vZ}{\varphi^2} \frac{(1 - \varepsilon_0)^2}{\varepsilon_0^3} \sum_{i=1}^{n} \frac{P_i}{d_i^2} \tag{6.6}$$

式中，P_i 为 i 滤层厚度在整个滤层中所占的比例；d_i 为 i 滤层的有效粒径。

6.1.1.5 敏茨公式

敏茨采用量纲分析法提出了滤层水头损失计算模型，他的理论根据是将水流通过粒状介质时的压降与滤层孔隙流速、水的动力黏性系数和代表粒状介质特性的特征长度之间建立起函数的关系，公式为

$$h_0 = 0.188\mu\varphi^2 \frac{(1 - \varepsilon_0)^2}{\varepsilon_0^3} \frac{v}{d_m^2} Z_0 \tag{6.7}$$

由式（6.7）可见，敏茨公式与 Leva 公式基本上都是相同的。如果滤层受反冲洗的影响形成了水力分级现象，计算时可将滤层分成若干个薄层，然后进行逐层累加，即

$$h_0 = 0.188\mu\varphi^2 \frac{(1 - \varepsilon_0)^2}{\varepsilon_0^3} vZ_0 \sum \frac{P_i}{d_i^2} \tag{6.8}$$

6.1.1.6 5个经典数学模型评价

达西定律是多孔介质出流的理论基础，后来的许多理论都是建立在达西定律基础上发展起来的。Fair-Hatch 公式、Kozeny-Caiman 公式、Leva 公式和敏茨公式则是依据水力学理论、达西定律和量纲分析法等前人成果，根据自己的试验总结出来的实用性经验公式。他们都考虑了滤料的形状系数 φ、当量直径 d 和孔隙率 ε_0 等要素对滤层水头损失的影响，不同的是在 Fair-Hatch 公式、Kozeny-Caiman 公式中均有一个阻力系数或常数，而 Leva 公式和敏茨公式则没有此参数。另外，这些公式是根据给水处理行业的过滤要求产生的，其过滤流速都较小，过滤水流流态为层流，它与微灌水质过滤的基本要求是不完全相同的。这些公式主

要用于描述滤层清洁状态下的水头损失值，但是随着过滤的开始，一些泥沙就进入滤层，进而改变了滤层的过流空间结构，随着时间的推移，这种改变一直在延续中，所以上述公式的应用是有限的，它必须要和过滤方程及连续性方程相结合，才能真正描述过滤过程。

6.1.2 基于毛细管过滤理论的滤层水头损失计算模型

6.1.2.1 清洁滤层水头损失计算

在对多孔介质研究中，一些专家把多孔介质过滤出流现象假定为无数条并联毛细管管束的过流[132-133]，即把水流在孔隙通道的流动，理想化为在微小管道的过流。在此假定的基础上，水流在毛细管内流动的水头损失计算公式为

$$h_f = \lambda \frac{l}{d} \frac{v^2}{2g} \tag{6.9}$$

式中，h_f 为水流在毛细管内流动时的水头损失，mH_2O；l 为毛细管管长度，m；d 为毛细管直径，m；λ 为摩阻损失系数，通常 $\lambda = f\left(R_e, \frac{\Delta}{d}\right)$；$v$ 为水流在毛细管内流动平均流速，m/s；g 为重力加速度。

λ 为水流在毛细管内均匀流动时的摩阻系数，它是与雷诺数（R_e）及管壁粗糙度（Δ/d）的函数。在水流为层流流态下，λ 仅与雷诺数有关，即

$$\lambda = f(R_e) = \frac{64}{R_e} \qquad R_e = \frac{\rho v d}{\mu} \tag{6.10}$$

式中，R_e 为毛细管水流的雷诺数；ρ 为水密度值，kg/m^3；μ 为动力黏性系数，$P_a \cdot s$。

将式（6.10）应用到滤层的毛细管模型中计算过滤过程滤层的水头损失。水处理滤池正常过滤流速为层流，其阻力系数只与雷诺数有关。考虑毛细管模型是从多孔介质抽象出的计算模型，实际上并非实际是理想的圆形管，因此，直接套用式（6.10）是不合理的。敏茨通过大量的试验资料可得出的毛细管模型阻力系数修正值为

$$\lambda = \frac{163.2}{Re} \tag{6.11}$$

此时，假定滤层厚度与毛细管长度一致，于是水流在滤层中流过 ΔL 距离产生的水头损失，就相当于水流沿毛管流过 ΔL 长度水头损失，可表示为

$$\Delta H = \lambda \frac{\Delta L}{d_m} \frac{u^2}{2g} = \frac{163.2}{R_e} \frac{\Delta L}{d_m} \frac{u^2}{2g} \qquad (6.12)$$

式中，ΔH 为水流流过 ΔL 长度的水头损失，mH_2O；u 为毛细管中的断面平均流速，m/s，$u = v/\varepsilon$；v 为过滤的速度，m/s；ε 为滤层的孔隙率；其他同前文。

将 d_m、R_e 和 u 的算式代入式（6.12）中得：

$$\Delta H = \frac{163.2\mu}{\rho u d_m} \frac{\Delta L}{d_2} \frac{u^2}{2g} = \frac{81.6\mu}{\rho g} \frac{\Delta Lu}{d_m^2} = \frac{81.6\mu}{\rho g} \frac{\Delta Lv}{\varepsilon} \left[\frac{3a(1-\varepsilon)}{2\varepsilon d_e} \right]^2$$

$$= 0.01872 \frac{\mu\alpha^2(1-\varepsilon_0)^2}{\varepsilon^3 d_e^2} v\Delta L \qquad (6.13)$$

对于均质滤料构成的清洁滤层，整个滤层的 α、ε 和 d_e 均为常数。整个滤层的水头损失如式（6.14）所示。

$$H_0 = 0.01872 \frac{\mu a_0^2(1-\varepsilon_0)^2}{\varepsilon_0^3 d_{e0}^2} vL \qquad (6.14)$$

从式（6.14）可以看出，清洁滤层水头损失与过滤速度和滤层厚度成正比，与滤料颗粒的当量直径平方呈反比。式中 α_0、ε_0 和 d_{e0} 分别是滤层的滤料表面形状系数、孔隙率、滤料颗粒当量直径。

6.1.2.2 过滤过程中滤层水头损失计算

当滤层开始过滤以后，因截留杂质会使滤层的孔隙率减小，相当于缩小了毛细管的管径。假定单位体积滤层截留杂质体积量为 σ（比沉积量）（m^3 杂质/m^3 滤层），于是单根毛细管单位长度截流杂质量为

$$\sigma_d = \frac{\sigma}{n} \qquad (6.15)$$

随着过滤的进行毛细管径将因截留杂质由 dm_0 减小至 dm，因此有

$$\frac{\pi}{4} d_{m0}^2 - \frac{\pi}{4} d_m^2 = \sigma_d$$

$$\therefore \qquad d_m = d_{m0} \sqrt{1 - \frac{4-\sigma}{n\pi d_{m0}^2}} = \sqrt{1 - \frac{\sigma}{\varepsilon_0}} = \beta d_{m0} \qquad (6.16)$$

$$\beta = \sqrt{1 - \frac{\sigma}{\varepsilon_0}} \qquad (6.17)$$

式中，β 为毛细管的管径收缩系数。

对于速度稳定过滤，当毛细管管径缩小后，就会造成管内流速增大，根据流体力学的连续性方程，有

$$\because \qquad \frac{\pi}{4}d_{m0}^2 \cdot u_0 = \frac{\pi}{4}d_m^2 \cdot u$$

$$\therefore \qquad u = u_0\left(\frac{d_{m0}}{d_m}\right) = \frac{u_0}{\beta^2} = \frac{v}{\varepsilon_0\beta^2} \qquad (6.18)$$

此时雷诺数算式为

$$R_e = \frac{\rho u d_m}{\mu} = \frac{\rho u_0 \beta d_{m0}}{\mu \beta^2} = \frac{\rho u_0 d_{m0}}{\mu \beta} = \frac{R_{e0}}{\beta} \qquad (6.19)$$

滤层截留杂质后 ΔL 滤层厚度的水头损失为

$$\Delta H = \lambda \frac{\Delta L}{d_m}\frac{u^2}{2g} = \frac{C\beta}{R_{e0}} - \frac{\Delta L}{\beta d_{m0}}\frac{u^2}{2g}/\beta^4 = \frac{\Delta H_0}{\beta^4}$$

$$= \frac{\Delta H_0}{\left(1 - \frac{\sigma}{\varepsilon_0}\right)^2} = \frac{\varepsilon_0^2}{(\varepsilon_0 - \sigma)^2}\Delta H_0 \qquad (6.20)$$

由于 $\sigma = f(L, t)$，所以整个滤层的水头损失为

$$H = \iint_0^{L\ t} dH = 0.018\,72\frac{\mu\alpha_0^2(1-\varepsilon_0)^2 v}{\varepsilon_0 d_{e0}}\iint_0^{L\ t}\frac{dLdt}{(\varepsilon_0 - \sigma)^2} \qquad (6.21)$$

式（6.21）就是计算过滤过程滤层水头损失的基本公式，只要知道滤层的比沉积量 σ 随滤层深度和时间变化函数，就可计算出滤层的水头损失。

6.1.3 微灌过滤条件下毛细管模型研究

6.1.3.1 微灌过滤水头损失计算公式

按照微灌过滤的3个机理来分析当杂质颗粒的粒径较大时，即大于孔隙直径或毛细管直径时，同时也假定杂质颗粒直径小于滤料的粒径，此时单个杂质颗粒被拦截在单个孔隙或毛细管的入口处，于是造成了毛细管的进口堵塞。当部分毛

细管的进口被堵塞以后，毛细管进口数减少了，但此时表层以下的过流毛细管的数量并没有减少，同时没有被堵塞的毛细管的流量会增加，其进口局部水头损失增大。在过滤流量 Q 不变的情况下，假如 n 条毛细管中有 m 条进口被堵塞，并且这 m 条毛细管是均匀分布时，未被堵塞的毛细管的进口流量是堵塞前毛细管流量的 $\dfrac{N}{N-M}$ 倍，其流速同样是 $\dfrac{N}{N-M}$ 倍。

局部水头损失 h_{f2} 的计算公式[134]为

$$h_{f2} = \xi \frac{v^2}{2g} \tag{6.22}$$

式中，ζ 为局部水头损失系数；v 为毛细管的进口流速。

当发生滤层堵塞以后，h_{f2} 计算公式为

$$h_{f2} = \xi \frac{v^2}{2g} \frac{N^2}{(N-M)^2} \tag{6.23}$$

滤层的总水头损失可表示为

$$H_f = h_{f1} + h_{f2} \tag{6.24}$$

式中，H_f 为滤层总水头损失；h_{f1} 为指较小的颗粒吸附在毛细管内壁上，使得毛细管管径缩小后毛细管的沿程水头损失，它的计算方法为式（6.21）；h_{f2} 为大于毛细管直径的杂质颗粒堵塞毛细管引起的局部水头损失，计算方法见式（6.22）。

6.1.3.2 hf_2 随时间变化的函数

假定毛细管堵塞的速度为 u_d，单位为条/s，此时函数关系为

$$M = u_d \cdot t \tag{6.25}$$

将被堵塞毛细管的条数和堵塞后的毛细管数量（$N-M$）代入上式得出滤层的水头损失随时间的变化规律模型为

$$t = N\left(\frac{1 - v\sqrt{\xi/2gh_{f2}}}{v_d}\right) \tag{6.26}$$

式中，t 为连续过滤的时间（s）；从试验过程得出中 h_{f2} 要远远大于 h_{f1}。可约等于整个滤层的水头损失。

6.1.3.3 砂滤层毛细管数量的计算

为了计算水平面上毛细管的数量，必须要计算出单位面积上颗粒的数量，也即是孔隙的数量，于是就要计算出单颗滤料与单个孔隙的垂直投影面积。孔隙的投影面积是拦截杂质颗粒的由于微灌过滤的杂质颗粒假定石英砂滤料颗粒为球形结构，这些球形结构的颗粒在滤层中有多种形状的排列结构，包括三角形、正方形和不规则形状，考虑到其排列的稳定性三角形组合是较为理想结构。图 6-1 分别是三角形（a）和正方形（b）结构立体图，以及正方形结构孔隙率的构造图（c）。

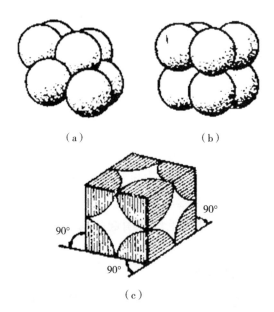

（a）　　　　　　　　　　（b）

（c）

图 6-1　滤料颗粒组合结构及孔隙投影立体图

从图 6-1 的（a）和（b）中可以看出三角形结构组合的孔隙最小，力学稳定性最好，正方形的孔隙直径最大，稳定性要差很多。不规则形孔隙介于三角形与正方形之间，相对比较复杂，无法进行计算。

为了计算单颗滤料与单个孔隙的垂直投影面积，画出了三角形组合与正方形组合结构的平面图，见图 6-2 和图 6-3。从图 6-2 和图 6-3 可以看出颗粒的投影面积与其半径有关，颗粒围成的孔隙的投影面积同样与滤料颗粒的直径有关。

148

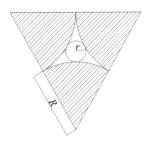

图 6-2　三角形组合结构

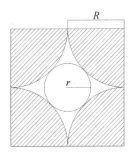

图 6-3　四边形结构

由图 6-2 可以看出，在三角形结构时孔隙的投影面积为正三角形的面积减去半圆的面积：

$$S_i = 0.161R^2 \qquad (6.27)$$

同理，由图 6-3 可计算出正方形情况下：

$$S_i = 0.858R^2 \qquad (6.28)$$

事实上滤料排列是一个随机的过程不是正方形也不是三角形，而是介于两者之间。考虑结构的不确定性和三角形机构的稳定性，加入一个修正系数 K 后得出：

$$S_i = 0.161KR^2 \qquad (6.29)$$

K 是一个大于 1 的系数；可以通过滤料的模型试验进行测定。

假定毛细管条数 N 等于滤层横截面积内的孔隙数量，所以单位面积砂滤层所包含的毛细管数量 N 为

$$N = 1/(0.161K + \pi)R^2 \qquad (6.30)$$

式（6.30）就是毛细管数量的计算公式，其中 K 值可以根据试验测定，因此毛细管数量主要取决于滤料粒径 R 值的大小。

把式（6.30）代入式（6.26）可以得出下列水头损失与时间的关系：

$$t = \frac{1 - v\sqrt{\dfrac{\xi}{2gh_{f_2}}}}{(0.161K + \pi)R^2 u_d} \tag{6.31}$$

式（6.31）是微灌过滤条件下滤层表层堵塞产生的局部水头损失随时间的变化函数，在过滤速度不变时，K、R、ζ 是一个常数，时间 t 仅与 h_{f_2}、u_d 参数有关，u_d 是一个与水质和滤料有关的数，可以通过试验进行测试，只有 h_{f_2} 代表着滤层表层堵塞水头损失。试验显示微灌砂过滤条件下 h_{f_2} 远远大于 h_{f_1}，h_{f_1} 可以忽略不计，于是 h_{f_2} 就可以看作滤层的总水头损失。当 h_{f_2} 的允许值 P 确定以后，就可以计算出过滤周期 T：

$$T = \frac{1 - v\sqrt{\dfrac{\xi}{2gP}}}{(0.161K + \pi)R^2 u_d} \tag{6.32}$$

式 6.32 是在一定的假定条件下从理论上推导出来的过滤周期计算模型，它可供计算砂石过滤器的过滤周期。但由于式中 u_d 是一个比较复杂的随时间和水质等因素变化的函数，目前还无法准确对其进行测定，加之受到试验条件的制约，因此对式（6.32）进行验证还有一定的难度，需要进一步开展试验研究。

6.1.3.4 杂质颗粒粒径小于毛细管直径时产生的水头损失计算

（1）杂质颗粒粒径略小于毛细管直径时，此时杂质颗粒有可能顺利通过这些孔隙。但是此类颗粒由于其不规则形状影响或曲折流道的拦截效应等因素的存在，部分颗粒有可能在毛细管的某个位置停留下来，堵塞毛细管道。此类堵塞与前面 6.1.3.1 所说的进口堵塞所产生的水头损失相类似，会使相邻毛细管的流量在受堵塞部位的同一水平面的水流速度加快，于是带来局部水头损失的增加，其堵塞原理与计算方法与 6.1.3.1 相类似。

（2）当杂质颗粒远小于毛细管直径时，此类颗粒一般容易被毛细管道壁所吸附，于是随着吸附的颗粒的增加，毛细管直径相对缩小，从而使毛细管沿程水头损失加大。此时可按照式（6.21）进行计算分析。

6.2 过滤条件下滤层水头损失的试验

6.2.1 试验数据与统计

试验模型的有机玻璃筒上由上至下每间隔 10cm 设置有一个测压孔，它主要用来测量滤层内部水头损失变化情况，试验时第一孔位于滤层的上表面，测压孔与测压管相连接，测压管可读出各测压点的压力值。共开展了 60cm、40cm 和 30cm 共 3 种滤层厚度的试验，原水颗粒质量分数 3 个水平分别为 0.3‰、0.5‰ 和 0.8‰，过滤速度水平分别为 0.017m/s、0.022m/s、0.026 5m/s、0.030m/s 的试验。此外，由于滤层在过滤过程中各测压点的读数一直在变化，试验选择了"稳定后"和"10min"两个时间点的读数，稳定后是指流量计和测压管读数平稳时，"10min"对应的数据是指稳定后再过滤 10min 的数据。对相邻测压孔压差值进行计算，并累积出总的压差值，于是得出滤层压差值统计如表 6-1、表 6-2 和表 6-3 所示。

表 6-1 滤层厚度 60cm 时测压孔间压差

过滤速度 （m/s）	孔位	压差（kPa）					
		原水颗粒质量分数 0.3‰		原水颗粒质量分数 0.5‰		原水颗粒质量分数 0.8‰	
		稳定后	10min	稳定后	10min	稳定后	10min
0.017	一二孔	2.37	2.37	2.76	10.53	2.89	9.21
	二三孔	1.71	1.71	1.98	1.97	1.85	1.84
	三四孔	1.71	1.71	2.23	2.24	2.23	2.24
	四五孔	1.84	1.84	2.24	2.23	2.24	2.24
	五六孔	1.71	1.71	1.97	1.98	1.97	1.97
	Σ	9.34	9.34	11.18	18.95	11.18	17.50
0.022	一二孔	3.03	3.82	3.03	12.82	3.68	20.79
	二三孔	2.36	2.36	1.97	1.97	2.24	2.24
	三四孔	2.24	2.24	2.11	2.10	2.11	2.10
	四五孔	1.58	1.58	1.71	1.72	1.05	1.05
	五六孔	1.05	1.18	0.79	0.78	0.66	0.66
	Σ	10.26	11.18	9.61	15.39	9.74	26.84

（续表）

过滤速度 (m/s)	孔位	压差（kPa）					
		原水颗粒质量分数 0.3‰		原水颗粒质量分数 0.5‰		原水颗粒质量分数 0.8‰	
		稳定后	10min	稳定后	10min	稳定后	10min
0.026 5	一二孔	3.82	7.37	3.68	16.63	5.92	30.82
	二三孔	1.97	1.97	2.77	2.76	3.42	3.42
	三四孔	2.76	2.77	2.37	2.37	2.77	2.76
	四五孔	2.77	2.76	2.36	2.37	2.89	2.89
	五六孔	3.29	3.29	1.19	1.19	1.84	1.85
	Σ	14.61	18.16	12.37	26.32	16.84	44.74
0.030	一二孔	4.74	5.39	5.26	19.58	7.11	36.55
	二三孔	3.55	3.56	3.95	3.95	3.68	3.69
	三四孔	3.16	3.16	3.16	3.15	3.42	3.42
	四五孔	3.16	3.15	3.29	3.29	3.42	3.42
	五六孔	1.97	1.98	1.97	1.98	2.37	2.37
	Σ	16.58	17.24	17.63	18.95	20.00	31.45

表 6-2 滤层厚度 40cm 时测压孔间压差

过滤速度 (m/s)	孔位	压差（kPa）					
		原水颗粒质量分数 0.3‰		原水颗粒质量分数 0.5‰		原水颗粒质量分数 0.8‰	
		稳定后	10min	稳定后	10min	稳定后	10min
0.017	一二孔	2.63	2.84	2.37	0.54	2.89	3.42
	二三孔	1.71	1.94	1.84	0.65	2.50	2.24
	三四孔	2.11	1.90	1.97	1.03	2.37	2.37
	Σ	6.45	6.68	6.18	2.22	7.76	8.03
0.022	一二孔	3.82	3.95	3.42	4.21	0.03	4.87
	二三孔	2.10	2.24	1.97	1.97	0.01	1.84
	三四孔	1.32	1.27	1.32	1.32	0.01	1.58
	Σ	7.24	7.46	6.71	7.5	0.05	8.29

（续表）

过滤速度（m/s）	孔位	压差（kPa）					
		原水颗粒质量分数0.3‰		原水颗粒质量分数0.5‰		原水颗粒质量分数0.8‰	
		稳定后	10min	稳定后	10min	稳定后	10min
0.026 5	一二孔	4.34	4.66	3.82	4.74	4.61	6.97
	二三孔	2.90	2.85	2.23	2.23	2.36	2.37
	三四孔	1.71	1.61	1.98	1.98	1.85	1.84
	Σ	8.95	9.12	8.03	8.95	8.82	11.18
0.030	一二孔	4.87	5.17	5.13	6.18	5.26	7.37
	二三孔	3.68	3.70	3.16	3.16	3.03	3.02
	三四孔	2.50	2.46	2.50	2.50	2.37	2.37
	Σ	11.05	11.33	10.79	11.84	10.66	12.76

表6-3　滤层厚度30cm时测压孔间压差

过滤速度（m/s）	孔位	压差（kPa）					
		原水颗粒质量分数0.3‰		原水颗粒质量分数0.5‰		原水颗粒质量分数0.8‰	
		稳定后	10min	稳定后	10min	稳定后	10min
0.017	一二孔	3.03	3.03	3.16	7.37	2.24	6.71
	二三孔	1.84	2.10	1.84	1.84	2.23	2.24
	Σ	4.87	5.13	5.00	9.21	4.47	8.95
0.022	一二孔	3.82	4.08	3.42	5.00	3.82	11.71
	二三孔	1.05	1.05	0.92	0.92	0.92	0.66
	Σ	4.87	5.13	4.34	5.92	4.74	12.37
0.026 5	一二孔	5.00	4.80	4.08	6.45	5.13	11.97
	二三孔	0.79	1.12	1.58	1.58	1.98	1.98
	Σ	5.79	5.92	5.66	8.03	7.11	13.95
0.030	一二孔	5.39	5.84	5.53	6.71	5.66	6.45
	二三孔	2.77	2.95	2.36	2.37	2.76	2.76
	Σ	8.16	8.79	7.89	9.08	8.42	9.21

6.2.2 试验数据分析

6.2.2.1 不同过滤速度对水头损失及分布的影响

从表6-1到表6-3可以看出，无论过滤速度的大小，滤层表面10cm厚度的水头损失值均明显地偏大，即压差值呈现出表层独大、下层均衡的分布规律，并且其下部各层次的压差值随着过滤速度的增加有所增加，但增加的幅度较小。

将表6-1中过滤速度与滤层压差值绘制成图6-4，按照从滤层表面向下10cm为一个单元，如第一层为0~10cm，采取1表示，并以此类推。从图6-4可以更明却看出过滤速度变化对滤层水头损失有影响，但并不影响压差值在滤层中的"表层独大、下层均衡"的分布规律。

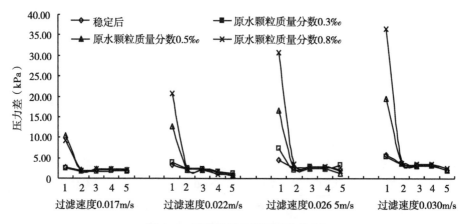

图 6-4 过滤速度与滤层压差分布

6.2.2.2 不同原水颗粒质量分数对水头损失及分布的影响

从表6-1到表6-3可以看出，当原水颗粒质量分数较小时（如0.3‰），稳定后的压差值与10min后压差值相差较小，说明原水颗粒质量分数较小，对滤层堵塞的速度较缓慢，而滤层的水头损失并没有因颗粒质量分数的增加而增加，只与过滤时间有关。从10min后的结果看，原水颗粒质量分数较大时，滤层表层的水头损失成倍地增加，其下面各层次的水头损失虽有增加，增幅不显著。

从图6-1可以看出原水颗粒质量分数的增加并没有改变滤层水头损失的分布

趋势，只是原水颗粒质量分数越大，过滤一定的时间后，表层的水头损失越大，其下面各层次的水头损失的变化不明显。

6.2.2.3　过滤时间对水头损失的影响

图 6-5 是根据表 6-2 中的数据绘制的"稳定后"和"10min"时两个时间点滤层水头损失分布对照，按照从滤层表面向下 10cm 为一个单元，例如，第一层为 0~10cm，采取 1 表示，并以此类推。

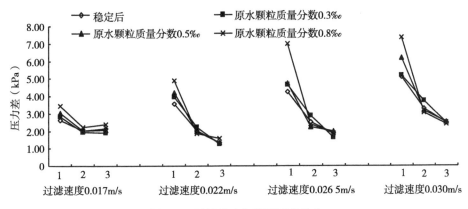

图 6-5　过滤速度与滤层压差分布

从图 6-5 可以看出，表层水头损失（压差值）随着时间的增加有个快速增长的过程，其下层水头损失随时间的变化并不大。

6.2.2.4　对滤层水头损失试验总结

（1）滤层水头损失主要分布在表层。

根据微灌砂过滤的机理，滤层对杂质颗粒具有拦截、截留和吸附三个基本过程，其中拦截过程是最主要的过程，本试验进一步验证了上述结论。为了证明表层的水头损失是由滤层拦截杂质颗粒堵塞滤料孔隙所引起的，试验人员对有机玻璃模型内滤层堵塞过程进行过详细的观察，观察发现当滤层过滤一段时间后，滤层表面被一层泥沙薄层所覆盖，这一泥沙薄层随着过滤时间的增加会逐渐变厚，与此同时流量计的读数会逐渐变小，直至使流量接近于零，此时表面泥沙层厚度达到了最大。分析其原因，一是原水进入有机玻璃管后，流速突然变小，一些泥沙颗粒产生了沉淀，沉积在滤层的表面上；二是泥沙颗粒快速沉积在表层孔隙的入口处，堵塞入口或使入口通道变窄，进而拦截后续的泥沙颗粒；三是水力分级现象造成滤层表面的孔隙变小，拦截的杂质颗粒范围扩大造成的。或许还有其他更复杂的物理、化学因素在起作用。

很显然，非均质滤料砂石过滤器的"表层过滤"是一个普遍存在现象，而非通常所说的个别现象。因此微灌界应对其引起高度的重视，并对此问题进行更深入的研究。

（2）水力分级是非均质滤料反冲洗过程中必然过程。

水力分级现象是指砂石过滤器在反冲洗结束后，较小粒径滤料颗粒留在滤层的上层，较大粒径的颗粒留在下层的现象，它是由砂石颗粒在水流中的运动规律所决定的，因此它是一种必然的现象。水力分级现象也是砂石过滤器产生"表层过滤"的一个主要因素。从试验情况来看，试验选择的是 20# 石英砂，其粒径范围为 0.415~1.41cm，经过反冲洗以后 0.415cm 粒径的颗粒全部分布在滤层的表面，其最小孔隙直径仅有 70μm，所以超过 70μm 直径的泥沙颗粒就被拦截下来，进而堵塞滤层。

从毛细管过滤理论分析，此时毛细管的管径为 70μm，单个粒径大于 70μm 的泥沙颗粒就会堵塞一条毛细管进口。毛细管进口减少余下毛细管的进口流量相应增加，其进口局部水头损失加大。由于局部水头损失系数与速度的平方成正比，随着被堵塞毛细管进口数量的增加，滤层水头损失会快速增加。

6.3　非均质滤料滤层膨胀高度试验

6.3.1　反冲洗时滤层膨胀过程分析

砂石过滤器滤除的反冲洗过程是一个将滤层表面拦截、滤层内部截留和吸附的杂质颗粒清洗出滤层的过程。在这个过程中，反向水流从底部开始冲击滤层，使滤料颗粒由下至上产生运动，在运动中相互摩擦、碰撞与截留或吸附的杂质颗粒相离开来，使滤料颗粒保留下来，使杂质颗粒随着水流从排污口排除过滤器之外，从而达到清洗滤层的目的。

试验发现随着反冲洗水流流速的逐渐增加，滤层共发生了 3 个阶段的变化，第一阶段是小范围的扰动阶段，当反冲洗水流较小时，反向水流无力扰动整个滤层，滤层保持着惯性的稳定，此时可看到水流在向上移动，滤层基本上没有变化。随着流速的增加滤层底部位于水流直接冲击位置的滤料颗粒开始向上运动，并带动周边的滤料颗粒群在小范围内作上下迁移运动。第二阶段滤层滚动换位阶段。此时随着反冲洗水流速度的加大，在水流的剪切力作用下，不同空间的滤料颗粒开始在整个滤层范围进行位置交换，部分滤料群上升，部分滤料群下降去填充对应孔隙，但此时滤层并没有明显的膨胀迹象，大多数滤料颗粒间还保持着原有的紧密接触状态。第三阶段为膨胀阶段，此时滤层出现明显的膨胀，滤料颗粒之间开始相互分离，并在水流作用下各自独立运动，同时滤料颗粒间发生着相互摩擦与撞击。与第二阶段明显不同的是不同粒径的滤料产生水力分级，可明显地观察到粒径较小的滤料颗粒在上层，粒径较大的则在下层。此时如果继续增大反冲洗流速，膨胀起来的滤层表面发生不稳定运动状况，滤层表面形成一个旋转摆动的凹面此时膨胀高度是一个变化的不确定数。通过对 60cm 滤层反冲洗，研究发现第一阶段临界速度 0.009m/s，第二阶段是 0.011m/s，第三阶段是 0.013m/s，最后一个阶段是不稳定状态临界速度为 0.025m/s。

6.3.2 非均质滤料膨胀高度试验

6.3.2.1 试验数据与统计

表 6-4 至表 6-7 是滤层厚度为 80cm、60cm、40cm 和 30cm 时试验测得的滤层膨胀高度与反冲洗速度、原水颗粒质量分数的对应关系，引入了膨胀率的概念，它是指膨胀高度与滤层厚度的比值。

表 6-4 滤层厚度 80cm 膨胀率统计

原水颗粒质量分数（‰）	流速（m/s）	膨胀高度（cm）	膨胀率（%）	平均膨胀率（%）
0.1	0.009	0	0	8.5
	0.012	4.3	5.4	
	0.013	5.2	6.5	
	0.015	7.5	9.4	
	0.017	10.0	12.5	

（续表）

原水颗粒质量分数 （‰）	流速（m/s）	膨胀高度（cm）	膨胀率（%）	平均膨胀率（%）
	0.009	0	0	
	0.012	4.4	5.5	
0.3	0.013	6.2	7.8	9.2
	0.015	7.2	9.0	
	0.017	11.0	14.4	
	0.009	0	0	
	0.012	4.0	5.0	
0.5	0.013	6.5	8.1	8.9
	0.015	7.5	9.4	
	0.017	10.5	13.1	
	0.009	0	0	
	0.012	5.2	6.5	
0.8	0.013	6.2	7.8	9.3
	0.015	8.0	10.0	
	0.017	10.5	13.1	

表 6-5 滤层厚度 60cm 膨胀率统计

原水颗粒质量分数 （‰）	流速（m/s）	膨胀高度（cm）	膨胀率（%）	平均膨胀率（%）
	0.012	4.0	6.7	
0.3	0.013	5.2	8.7	10.7
	0.015	7.4	12.3	
	0.017	9.0	15.0	
	0.012	2.5	4.2	
0.5	0.013	4.6	7.7	10.1
	0.015	7.4	12.3	
	0.017	9.6	16.0	

（续表）

原水颗粒质量分数（‰）	流速（m/s）	膨胀高度（cm）	膨胀率（%）	平均膨胀率（%）
	0.012	3.0	5.0	
0.8	0.013	4.8	8.0	10.1
	0.015	7.6	12.7	
	0.017	8.8	14.7	

表6-6　滤层厚度40cm膨胀率统计

颗粒质量分数（‰）	流速（m/s）	膨胀高度（cm）	膨胀率（%）	平均膨胀率（%）
	0.012	2.0	5.0	
0.3	0.013	3.0	7.5	11.2
	0.015	6.0	15.0	
	0.017	7.0	17.5	
	0.012	2.0	5.0	
0.5	0.013	5.0	12.5	11.9
	0.015	5.0	12.5	
	0.017	7.0	17.5	
	0.012	2.0	5.0	
0.8	0.013	3.5	8.8	10.5
	0.015	4.7	11.8	
	0.017	6.5	16.3	

表6-7　滤层厚度30cm膨胀率统计

颗粒质量分数（‰）	流速（m/s）	膨胀高度（cm）	膨胀率（%）	平均膨胀率（%）
	0.012	1.0	3.3	
0.3	0.013	2.5	8.3	11.2
	0.015	4.5	15.0	
	0.017	5.4	18.0	

（续表）

颗粒质量分数 （‰）	流速（m/s）	膨胀高度（cm）	膨胀率（%）	平均膨胀率（%）
0.5	0.012	1.5	5.0	13.1
	0.013	2.5	8.3	
	0.015	5.2	17.3	
	0.017	6.5	21.7	
0.8	0.012	1.5	5.0	14.6
	0.013	2.5	8.3	
	0.015	6.0	20.0	
	0.017	7.5	25.0	

6.3.2.2 试验结果分析

考虑原水颗粒质量分数与反冲洗膨胀高度并没有直接的关系，现把 3 个不同的颗粒质量分数（0.3‰、0.5‰和0.8‰）测得的数据看成是 3 次试验重复，取其膨胀高度的平均值计算膨胀率，计算结果如表 6-8 所示。

表 6-8 不同滤层厚度膨胀率对照

滤层厚度	项目	各冲洗速度下的膨胀高度与膨胀率				
		0.009m/s	0.012m/s	0.013m/s	0.015m/s	0.017m/s
80cm	膨胀高度（cm）	0	4.4	6.1	7.2	10.7
	膨胀率（%）	0	5.5	7.6	9.0	12.6
60cm	膨胀高度（cm）	0	3.2	4.8	7.5	9.1
	膨胀率（%）	0	5.3	7.9	12.5	15.1
40cm	膨胀高度（cm）	0	2.0	3.2	5.2	6.8
	膨胀率（%）	0	5.0	8.0	13.0	17.0
30cm	膨胀高度（cm）	0	1.2	2.5	5.2	6.5
	膨胀率（%）	0	4.0	8.3	17.3	21.7

从表 6-8 可以得出以下结论。

（1）在相同的反冲洗速度的情况下，滤层的厚度越大膨胀的高度就越大，而其膨胀率反而变小。对于微灌用砂石过滤器来说，其膨胀率控制在 20% 以内较为合理。增大膨胀率就需要增加过滤罐容积和制作成本，在实际应用中应将滤层厚度、过滤速度与膨胀率综合考虑分析，以寻求较理想的结果。

（2）在相同的滤层厚度情况下，滤层的膨胀高度和膨胀率与反冲洗速度成直线关系（图 6-6）。速度越大膨胀高度和膨胀率就越大，即反冲洗速度决定着膨胀高度的大小，反冲洗速度的大小则需要多因素综合分析确定。从表 6-8 可以看出当反冲洗速度为 0.009m/s 时，滤层的膨胀高度基本为零，说明其处于反冲洗的小范围扰动阶段，由此可以推断反冲洗的速度应大于 0.009m/s。

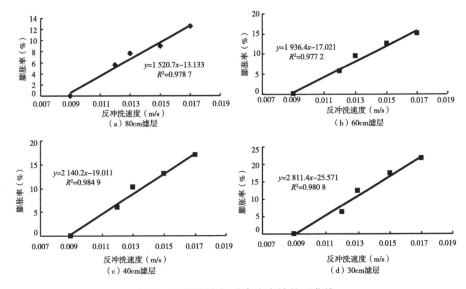

图 6-6　膨胀率与过滤速度的关系曲线

（3）对反冲洗速度与膨胀高度 y 和膨胀率 x 的平均值进行回归分析，可以得出不同滤层厚度时两者之间的关系式如表 6-9 所示。

表 6-9　不同滤层厚度时膨胀高度 y 和膨胀率 x 回归公式

滤层厚度（cm）	膨胀率与反冲洗速度的关系式
80	$y = 1\ 520.7x - 13.133$
60	$y = 1\ 936.4x - 17.021$

（续表）

滤层厚度（cm）	膨胀率与反冲洗速度的关系式
30	$y = 2\ 140.2x - 19.011$
40	$y = 2\ 811.4x - 25.517$

6.4　小　结

本章重点开展了滤层过滤时水头损失及反冲洗时膨胀高度的变化规律的研究。

（1）对经典的滤层水头损失模型进行了评价分析，在毛细管过滤理论的基础上，推导出了微灌过滤条件下滤层水头损失计算模型，建立了滤层水头损失与过滤时间的函数关系，为进一步滤层水头损失研究奠定了基础。

（2）开展了微灌条件下滤层水头损失试验，对影响滤层水头损失及分布的因素进行分析，得出了"表层独大，下层均衡"的压差分布特征，明确提出了"表层过滤"和"水力分级"是一种必然现象的观点。

（3）开展了非均质滤料滤层反冲洗膨胀高度试验，总结出了滤料的膨胀高度与滤层厚度、流速之间的关系规律，回归出了膨胀率与反冲洗速度的直线关系式。

7 均质石英砂滤料对泥沙的过滤与反冲洗试验

7.1 均质滤料的引入

在前文所述的非均质滤料试验中发现 20# 石英砂滤料在第一次反冲洗后，由于不同粒径的滤料颗粒在向上的水流中上行的高度不同，反冲洗水流停止时回落的速度不同，造成了滤层颗粒结构发生改变，出现了小粒径颗粒的滤料分布在滤层的上部，大粒径的滤料分布在下部的现象，这就是前面提到的水力分级现象。试验显示水力分级现象是砂滤层反冲洗后必然发生的现象，它是无法克服的。对于给水处理行业的过滤，其主要的过滤机理是吸附作用，并且滤除的影响浊度粒子的颗粒直径相对较小，一般在 0.01mm 以下，这些粒子能够穿越表层较小的孔隙到达滤层下部，因此水力分级现象对给水处理的滤层来说其影响是有限的。但是对于以拦截为主要过滤机理的微灌过滤来说，其影响就较为严重。

对于微灌过滤处理来说，滤层发生水力分级以后，首先是滤层的上部滤料粒径最小，其孔隙尺寸相对变小，拦截杂质的尺寸范围增大，于是形成表层过滤现象，第 6 章的滤层水头损失试验已经证明了表层过滤现象的存在。其次是滤层下部的滤料颗粒无法起到截留杂质颗粒的功效，只能靠吸附作用来滤除较小的杂质颗粒。当上层滤料已经被严重堵塞时，下层滤料吸附的杂质颗粒还很少，造成下层滤料不能充分发挥过滤作用。出现这种情况时可能会增加滤层反冲洗的频率和反冲洗耗水量。

正是由于水力分级现象的发生，于是人们想到了"均质滤料"的概念，石英砂滤料是通过对石英岩石块进行破碎后，经过筛分后生产出来的，筛分就是把较小和较大颗粒或石块去除，保留中间某一尺寸范围的颗粒的过程。由于滤料颗粒尺寸是一个范围，通常情况下人们把石英砂滤料分成若干个型号，来表示滤料的尺寸，比如前面试验用的就是 20# 石英砂，其粒径范围在 0.425~1.2mm，详见表 4-3。为了区别人们通常把这种常规的各型号滤料称为"非均质滤料"。与"非均质滤料"相对的就是"均质滤料"，理想的均质滤料是指砂滤料颗粒粒径全部相同的滤料，严格来讲石英砂颗粒都是非均质滤料。在生产实践中人们通常所说的均质滤料是指其颗粒粒径较均匀的滤料，滤料粒径的均匀程度主要取决于筛分上下两级筛网孔径的大小。我国筛网采用的是国际标准，表 7-1 是滤料颗粒常用的标准筛网尺寸分级情况。

表 7-1　筛网孔径分级

项目	各型号滤料的粒径范围与孔隙直径						
	1#	2#	3#	4#	5#	6#	7#
粒径范围（mm）	1.40~1.18	1.18~1.00	1.00~0.85	0.85~0.71	0.71~0.60	0.60~0.50	0.50~0.425
孔隙直径（μm）	184.1	156.0	132.6	110.8	93.6	78.0	27.2

注：孔隙直径是根据第 3 章公式计算得出的。

表 7-1 中 1.40mm、1.18mm、1.00mm、0.85mm、0.71mm、0.60mm、0.50mm 和 0.425mm 就是筛网的标准分级尺寸，我们所说的均质滤料，就是指其颗粒尺寸在相邻的两个筛网分级尺寸之间滤料结构。如表 7-1 中 4# 均质滤料的颗粒粒径范围为 0.85~0.71mm。

早在 20 世纪 90 年代，以西安建筑科技大学金同轨教授为代表的课题组对均质滤料在给水处理行业的应用进行了系统研究[133]，并取得了许多技术成果。赵红书针对微灌过滤条件下石英砂滤料对粉煤灰水过滤进行研究[134]，本章通过借鉴他们的研究经验，为研究开发微灌过滤专用均质滤料提供理论参考。

7.2　试验方案

7.2.1　试验装置

7.2.1.1　试验模型

模型结构见图 7-1，它是由一对有机玻璃管为主过滤室砂石过滤器试验模型，有机玻璃管内径为 20cm，高度为 160cm，模型的上下两端为过滤试验的进水管和出水管，并预留有反冲洗进水管和出水管（排污管），过滤柱上面由上至下每间隔 10cm 设计有测压孔，试验时与测压管连接。测压孔也可以用来取样。两个精密压力表分别安装在滤层的表面和底部，以便测定滤层的水头损失。两个过滤柱可同时开展试验，也可一个试验，一个备用。

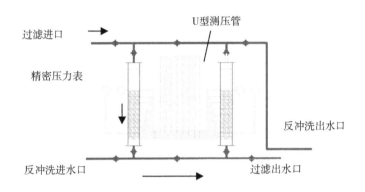

图 7-1　试验模型示意

7.2.1.2　仪器、设备与设施

　　主要仪器设备：BT9300 激光粒度仪、散射光浊度仪、涡轮式流量计、电子天平、烘箱等。

　　主要设施：过滤试验台、储水池、水泵等。

7.2.2　均质石英砂滤料与泥沙颗粒情况

　　试验用滤料同第 4 章试验使用的是同一批石英砂材料，经筛分后选择 5 种粒径的滤料。即表 7-1 中型号为 1#、2#、4#、5#、6# 的均质石英砂，该石英砂的各项性能指标和理化指标如第 4 章中表 4-1 和表 4-2 所示。选用的泥沙颗粒样品是引黄灌区人民胜利渠小冀段淤积的泥土，试验前对其进行了粗颗粒的筛分，颗粒级配见表 4-4。

7.2.3　试验因素与水平

　　试验指标分为平均的滤后水浊度去除率及泥沙颗粒的特征粒经 $D98$。具体的试验因素及各因素水平如表 7-2 所示。

表 7-2　试验因素水平

试验因素	因素水平				
A：滤层厚度（cm）	A1 = 80	A2 = 60	A3 = 50	A4 = 40	A5 = 30
B：滤料粒径（mm）	B1 = 1.40	B2 = 1.18	B3 = 0.85	B4 = 0.71	B5 = 0.60
C：过滤速度（m/s）	C1 = 0.035	C2 = 0.030	C3 = 0.026 5	C4 = 0.022	C5 = 0.017
D：颗粒质量分数（‰）	D1 = 0.1	D2 = 0.3	D3 = 0.5	D4 = 0.8	D5 = 10

考虑上述因素列的自由度及 A 和 B 之间的交互影响作用，选用 L50（511）作为本正交试验的基本分析表，正交试验布置如 7.3 中表 7-3 所示[135]。

7.2.4　操作方法和步骤

本试验的操作方法与步骤同第 4 章的基本相同，不同的是开展此试验时，实验室已经购买了丹东百特公司生产的 BT9300 激光粒度仪，有了此设备可及时对试验的样品进行测定。膨胀高度试验在反冲洗试验的同时进行，采用目测法，待流量计读数稳定后由试验人员进行测量。

7.3　过滤试验数据与分析

7.3.1　对滤后水浊度滤除比率的影响分析

本正交试验分析采用常规的三步骤法。即直观分析、方差分析和线性回归，但有些试验没有进行回归分析，只是从宏观上进行了比较。

7.3.1.1　数据直观分析

正交试验数据处理时第一步通常采用直观分析，也称极差分析。它通过各个因素列的级差值大小对影响因素进行顺序排列，并根据因素与指标的影响趋势图，可寻找出各个因素的最佳水平，选出最优的试验方案。

（1）试验数据与统计。不同因素对滤后水浊度滤除比率直观分析计算结果见表 7-3。

表 7-3 各试验因素对浊度滤除比率影响的直观分析

试验次数	A	B	A与B交互				C	D	误差			试验数据
试验 1	a	a	a	a	a	a	a	a	a	a	a	0.37
试验 2	a	b	b	b	b	b	b	b	b	b	b	0.41
试验 3	a	e	e	e	e	e	e	e	e	e	e	0.61
试验 4	a	d	d	d	d	d	d	d	d	d	d	0.64
试验 5	a	e	e	e	e	e	e	e	e	e	e	0.81
试验 6	b	a	b	e	d	e	a	b	e	d	e	0.18
试验 7	b	b	e	d	e	a	b	e	d	e	a	0.26
试验 8	b	e	d	e	a	b	e	d	e	a	b	0.40
试验 9	b	d	e	a	b	e	d	e	a	b	e	0.57
试验 10	b	e	a	b	e	d	e	a	b	e	d	0.84
试验 11	e	a	e	e	b	d	d	a	e	e	b	0.28
试验 12	e	b	d	a	e	e	e	b	d	a	e	0.29
试验 13	e	e	e	b	d	a	a	e	e	b	d	0.34
试验 14	e	d	a	e	e	b	b	d	a	e	e	0.51
试验 15	e	e	b	d	a	e	e	b	d	a		0.67
试验 16	d	a	d	b	e	e	e	a	d	b		0.23
试验 17	d	b	e	e	a	d	a	d	b	e	e	0.07
试验 18	d	e	a	d	b	e	b	e	e	a	d	0.22
试验 19	d	d	b	e	e	a	e	a	d	b	e	0.49
试验 20	d	e	e	a	d	b	d	b	e	e	a	0.54
试验 21	e	a	e	d	e	b	d	e	b	a	e	0.11
试验 22	e	b	a	e	d	e	e	d	e	b	a	0.18
试验 23	e	c	b	a	e	d	a	e	d	c	b	0.12
试验 24	e	d	c	b	a	e	b	e	e	d	c	0.45
试验 25	e	e	d	c	b	a	c	b	a	e	d	0.33
试验 26	a	a	a	d	e	d	c	b	e	b	c	0.49
试验 27	a	b	b	e	a	e	d	c	a	c	d	0.63
试验 28	a	c	c	a	b	a	e	d	b	d	e	0.70

（续表）

试验次数	A	B	A 与 B 交互				C	D	误差			试验数据
试验 29	a	d	d	b	c	b	a	e	c	e	a	0.57
试验 30	a	e	e	c	d	c	b	a	d	a	b	0.68
试验 31	b	a	b	a	c	c	b	d	e	e	d	0.42
试验 32	b	b	c	b	d	d	c	e	a	a	e	0.63
试验 33	b	c	d	c	e	e	d	a	b	b	a	0.71
试验 34	b	d	e	d	a	a	e	b	c	c	b	0.65
试验 35	b	e	a	e	b	b	a	c	d	d	c	0.74
试验 36	c	a	c	c	a	b	e	e	d	b	d	0.39
试验 37	c	b	d	d	b	c	a	a	e	c	e	0.56
试验 38	c	c	e	e	c	d	b	b	a	d	a	0.45
试验 39	c	d	a	a	d	e	c	c	b	e	b	0.43
试验 40	c	e	b	b	e	a	d	d	c	a	c	0.75
试验 41	d	a	d	e	d	a	b	e	b	c	c	0.30
试验 42	d	b	e	a	e	b	c	a	c	d	d	0.46
试验 43	d	c	a	b	a	c	d	b	d	e	e	0.38
试验 44	d	d	b	c	b	d	e	c	e	a	a	0.48
试验 45	d	e	c	d	c	e	a	d	a	b	b	0.52
试验 46	e	a	e	b	b	e	c	d	d	c	a	0.29
试验 47	e	b	a	c	c	a	d	e	e	d	b	0.40
试验 48	e	c	b	d	d	b	e	a	a	e	c	0.44
试验 49	e	d	c	e	e	c	a	b	b	a	d	0.32
试验 50	e	e	d	a	a	d	b	c	c	b	e	0.51
均值 1	0.601	0.306	0.456	0.443	0.452	0.459	0.380	0.528	0.468	0.425	0.452	
均值 2	0.541	0.390	0.459	0.490	0.458	0.456	0.421	0.405	0.456	0.460	0.412	
均值 3	0.468	0.437	0.471	0.436	0.472	0.462	0.481	0.434	0.440	0.505	0.470	
均值 4	0.370	0.510	0.453	0.455	0.433	0.450	0.502	0.446	0.427	0.491	0.460	
均值 5	0.325	0.640	0.443	0.461	0.468	0.452	0.511	0.464	0.491	0.399	0.486	
极差	0.278	0.334	0.028	0.052	0.033	0.010	0.121	0.125	0.060	0.106	0.073	

（2）数据分析。从表7-3各因素的极差值的大小可以看出，石英砂颗粒粒径对滤后水浊度的影响最大，其余3个因素的影响主次顺序排列是：滤层厚度、颗粒质量分数、过滤速度。图7-2是各因素对浊度指标影响情况的趋势。

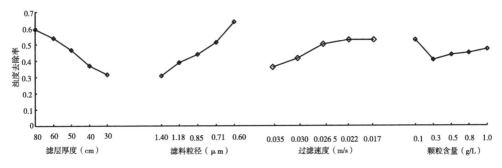

图7-2　各因素与浊度滤除比率关系趋势

从图7-2可以看出，其最佳组合为A1-B5-C5-D1，此组合的具体参数是滤料厚度为80cm，滤料粒径为0.6mm，过滤速度为0.015m/s，颗粒质量分数为0.1g/L。然而这种最佳组合在正交试验表中没有体现，正交试验表7-3中最佳组合为A1-B5-C5-D5。从表7-3还可以看出滤后水浊度去除率并不是唯一评价指标。如表7-3中的第5次试验的浊度去除率高达0.81，但是该试验进行时滤层水头损失在较短时间急剧增大，于是就终止了试验。因此仅从浊度滤除比率选择最优组合为A1-B5-C5-D1是否科学，还有待商榷。

7.3.1.2　数据方差分析

直观分析方法简单直观，不需要很大的计算量，但这种方法由于不能有效的估计试验过程中和试验结果测定时存在的偏差影响，其无法区分各个试验数据的差异是因水平的改变引起的，还是由于试验误差产生的。并且各因素对试验结果影响的显著程度也不能给出精确的量化估计。采用方差分析解决了这一问题。采用SPSS软件对上面的正交试验数据进行方差分析的结果，如表7-4所示。

表7-4　对浊度滤除比率的方差分析

影响因素	偏差平方和	自由度数	F比	$F_{0.05}$临界值	$F_{0.01}$临界值	显著性
滤层厚度	0.526	4	11.933	3.261	5.411	**

（续表）

影响因素	偏差平方和	自由度数	F 比	$F_{0.05}$ 临界值	$F_{0.01}$ 临界值	显著性
滤料粒径	0.640	4	14.415	3.261	5.412	**
交互作用	0.028	16	0.166	3.261	5.411	
过滤速度	0.119	4	2.664	3.262	5.413	
颗粒质量分数	0.089	4	1.942	3.264	5.415	
误差	0.130	12				

比较表 7-4 中 F、$F_{0.01}$、$F_{0.05}$ 的临界值可以看出，其结果与极差分析的结果相一致，影响的大小顺序依次为：滤料粒径、滤层厚度、过滤速度、颗粒质量分数、交互作用。按通用的显著性检验参数 $\alpha=0.01$ 和 $\alpha=0.05$ 进行检验，可以得出滤料粒径、滤层厚度两因素达到了显著水平。

7.3.1.3 结 论

对比直观分析和方差分析结果可以得出结论：滤料粒径和滤料厚度对滤后水浊度去除率影响显著，并且两者之间的影响程度处在同一个档次上。在给水处理过滤池设计时，滤层厚度与滤料粒径的比值（用 L/d 表示）是一个关键参数，通常情况其比值取 800~1 000。根据上述试验的数据，于是可得出浊度滤除比率与 L/d 的关系如图 7-3 所示。此关系式在微灌上的应用还有待研究，但可供灌水器设计者参考。

7.3.2 对滤后水中泥沙颗粒有效最大粒径（$D98$）的影响

本试验的 $D98$ 是指滤后水中泥沙颗粒的体积粒度分布图上，体积百分比达到 98%时对应的颗粒粒径值。$D98$ 通常被用来根据颗粒尺寸大小判断过滤的效果。对于微灌防止堵塞的需要来说，它对过滤器的精度要求一般是根据灌水器流道尺寸来选择过滤材料的规格，很显然 $D98$ 作为砂石过滤器过滤精度指标是合适的。由于 $D98$ 通常要采用仪器进行测量，没有浊度指标更直观，因此浊度指标也被广泛地应用于评价过滤与反冲洗效果。本节通过正交试验对不同过滤条件下对滤后水泥沙颗粒的 $D98$ 进行研究。表中 $D98$ 是指滤后水取样平均值。

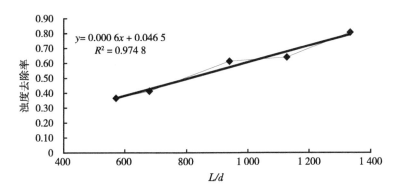

图 7-3 *L/d* 与浊度滤除比率的关系曲线

7.3.2.1 数据的直观分析

（1）试验数据统计。试验数据见表 7-5。

表 7-5 对滤后水中颗粒的平均 *D*98 的影响直观分析

试验次数	A	B	A 与 B 交互				C	D	误差			试验数据
试验 1	a	a	a	a	a	a	a	a	a	a	a	81.68
试验 2	a	b	b	b	b	b	b	b	b	b	b	81.99
试验 3	a	c	c	c	c	c	c	c	c	c	c	75.78
试验 4	a	d	d	d	d	d	d	d	d	d	d	37.42
试验 5	a	e	e	e	e	e	e	e	e	e	e	32.56
试验 6	b	a	b	c	d	e	a	b	c	d	e	100.80
试验 7	b	b	c	d	e	a	b	c	d	e	a	98.50
试验 8	b	c	d	e	a	b	c	d	e	a	b	73.97
试验 9	b	d	e	a	b	c	d	e	a	b	c	48.17
试验 10	b	e	a	b	c	d	e	a	b	c	d	43.20
试验 11	c	a	c	e	b	d	d	a	c	e	b	83.07
试验 12	c	b	d	a	c	e	e	b	d	a	c	73.06
试验 13	c	c	e	b	d	a	a	c	e	b	d	70.21
试验 14	c	d	a	c	e	b	b	d	a	c	e	68.74

（续表）

试验次数	A	B	A 与 B 交互				C	D	误差			试验数据
试验 15	c	e	b	d	a	c	c	e	b	d	a	53.95
试验 16	d	a	d	b	e	c	e	c	a	d	b	101.03
试验 17	d	b	e	c	a	d	a	d	b	e	c	102.47
试验 18	d	c	a	d	b	e	b	e	c	a	d	74.29
试验 19	d	d	b	e	c	a	c	a	d	b	e	62.08
试验 20	d	e	c	a	d	b	d	b	e	c	a	59.16
试验 21	e	a	e	d	c	b	d	c	b	a	e	100.41
试验 22	e	b	a	e	d	c	e	d	c	b	a	107.04
试验 23	e	c	b	a	e	d	a	e	d	c	b	69.70
试验 24	e	d	c	b	a	e	b	a	e	d	c	64.57
试验 25	e	e	d	c	b	a	c	b	a	e	d	78.50
试验 26	a	a	a	d	e	d	c	b	e	b	c	76.80
试验 27	a	b	b	e	a	e	d	c	a	c	d	89.34
试验 28	a	c	c	a	b	a	e	d	b	d	e	64.71
试验 29	a	d	d	b	c	b	a	e	c	e	a	35.99
试验 30	a	e	e	c	d	c	b	a	d	a	b	35.54
试验 31	b	a	b	a	c	c	b	d	e	e	d	96.88
试验 32	b	b	c	b	d	d	c	e	a	a	e	95.78
试验 33	b	c	d	c	e	e	d	a	b	b	a	80.86
试验 34	b	d	e	d	a	a	e	b	c	c	b	45.21
试验 35	b	e	a	e	b	b	a	c	d	d	c	45.56
试验 36	c	a	c	c	a	b	e	e	d	b	d	93.43
试验 37	c	b	d	d	b	c	a	a	e	c	e	104.40
试验 38	c	c	e	e	c	d	b	b	a	d	a	74.31
试验 39	c	d	a	a	d	e	c	c	b	e	b	67.94
试验 40	c	e	b	b	e	a	d	d	c	a	c	46.45

（续表）

试验次数	A	B	A与B交互				C	D	误差			试验数据
试验41	d	a	d	e	d	a	b	e	b	c	c	120.89
试验42	d	b	e	a	e	b	c	a	c	d	d	77.06
试验43	d	c	a	b	a	c	d	b	d	e	e	66.71
试验44	d	d	b	c	b	d	e	c	e	a	a	40.56
试验45	d	e	c	d	c	e	a	d	a	b	b	40.56
试验46	e	a	e	b	b	e	c	d	d	c	a	110.84
试验47	e	b	a	c	c	a	d	e	e	d	b	115.89
试验48	e	c	b	d	d	b	e	a	a	e	c	82.08
试验49	e	d	c	e	e	c	a	b	b	a	d	74.66
试验50	e	e	d	a	a	d	b	c	c	b	e	69.72
均值1	61.14	96.55	74.77	70.79	74.12	78.40	72.58	71.43	76.12	69.67	74.32	
均值2	72.92	94.56	72.37	71.64	73.23	71.83	78.51	73.10	79.09	73.11	71.51	
均值3	73.52	73.31	75.11	79.22	71.79	76.37	77.27	75.88	71.60	78.68	73.62	
均值4	74.47	54.52	77.62	71.38	77.72	69.33	72.79	74.88	69.31	73.54	73.50	
均值5	87.44	50.48	69.70	76.33	72.62	73.47	68.27	74.06	73.47	74.46	76.46	
极差	26.14	46.05	7.90	8.43	5.86	9.10	10.25	4.46	9.83	9.07	5.11	

（2）数据分析。从表7-5各因素极差大小来分析，仍然是滤料粒径和滤料厚度对滤后水的 $D98$ 的影响较大，影响主次顺序依次为滤料粒径、滤层厚度、过滤速度、颗粒质量分数。这与7.3.1对浊度的影响规律相一致，各因素与试验指标 $D98$ 的趋势见图7-4。

从直观分析中可以看出，滤后水的 $D98$ 与滤料粒径成正比，与滤层厚度成反比，与过滤速度、颗粒质量分数基本不相关。从图7-4显示的最佳过滤组合为A1-B5-C5-D1，仍然与7.3.1的试验选择相一致。

7.3.2.2 方差分析

方差分析的结果如表7-6所示。

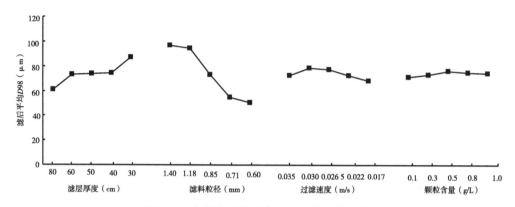

图 7-4　各因素对滤后水中 $D98$ 影响的趋势

表 7-6　对滤后水中颗粒的平均 $D98$ 的影响方差分析

因素	偏差平方和	自由度	F 比	$F_{0.05}$ 临界值	$F_{0.01}$ 临界值	显著性
滤层厚度	3 428.029	4	8.987	3.263	5.410	**
滤料粒径	18 691.378	4	48.634	3.263	5.410	**
交互作用	1 641.078	16	1.175	3.263	5.410	
过滤速度	672.187	4	1.766	3.263	5.410	
颗粒质量分数	116.532	4	0.313	3.263	5.410	
误差	1 145.98	12				

注：** 表示该因素在 $F_{0.01}$ 和 $F_{0.05}$ 双重检验下均达到显著。

显然根据 F、$F_{0.05}$ 和 $F_{0.01}$ 对各因素进行检验，滤料粒径、滤层厚度达到了显著水平，而过滤速度、颗粒质量分数却没有达到。

7.3.2.3　结　论

通过对直观分析和方差分析结果进行比对，可以看出滤料粒径、滤层厚度对 $D98$ 影响显著，过滤速度和颗粒质量分数影响不大。于是可以认为在实际砂过滤器过滤精度时不考虑后两个因素的影响。

7.3.3　对清洁滤层水头损失的影响

7.3.3.1　数据的直观分析

试验数据的直观分析表如表 7-7 所示。

表7-7 对水头损失影响的直观分析

试验次数	A	B	A与B交互				C	D	误差列			水头损失（kPa）
试验1	a	a	a	a	a	a	a	a	a	a	a	2.65
试验2	a	b	b	b	b	b	b	b	b	b	b	2.96
试验3	a	c	c	c	c	c	c	c	c	c	c	3.00
试验4	a	d	d	d	d	d	d	d	d	d	d	3.29
试验5	a	e	e	e	e	e	e	e	e	e	e	1.90
试验6	b	a	b	c	d	e	a	b	c	d	e	2.09
试验7	b	b	c	d	e	a	b	c	d	e	a	2.02
试验8	b	c	d	e	a	b	c	d	e	a	b	2.32
试验9	b	d	e	a	b	c	d	e	a	b	c	2.50
试验10	b	e	a	b	c	d	e	a	b	c	d	1.87
试验11	c	a	c	e	b	d	d	a	c	e	b	0.87
试验12	c	b	d	a	c	e	e	b	d	a	c	0.99
试验13	c	c	e	b	d	a	a	c	e	b	d	2.95
试验14	c	d	a	c	e	b	b	d	a	c	e	4.04
试验15	c	e	b	d	a	c	c	e	b	d	a	2.46
试验16	d	a	d	b	e	c	e	c	a	d	b	0.39
试验17	d	b	e	c	a	d	a	d	b	e	c	1.54
试验18	d	c	a	d	b	e	b	e	c	a	d	2.07
试验19	d	d	b	e	c	a	c	a	d	b	e	2.19
试验20	d	e	c	a	d	b	d	b	e	c	a	1.87
试验21	e	a	e	d	c	b	d	c	b	a	e	0.47
试验22	e	b	a	e	d	c	e	d	c	b	a	0.49
试验23	e	c	b	a	e	d	a	e	d	c	b	1.58
试验24	e	d	c	b	a	e	b	a	e	d	c	1.89
试验25	e	e	d	c	b	a	c	b	a	e	d	1.49
试验26	a	a	a	d	e	c	b	e	b	c	1.65
试验27	a	b	b	e	a	e	d	c	a	c	d	1.35

（续表）

试验次数	A	B	A 与 B 交互				C	D	误差列			水头损失（kPa）
试验 28	a	c	c	a	b	a	e	d	b	d	e	1.48
试验 29	a	d	d	b	c	b	a	e	c	e	a	7.32
试验 30	a	e	e	c	d	c	b	a	d	a	b	5.18
试验 31	b	a	b	a	c	c	b	d	e	e	d	1.51
试验 32	b	b	c	b	d	d	c	e	a	e	e	0.98
试验 33	b	c	d	c	e	e	d	a	b	b	a	1.84
试验 34	b	d	e	d	a	a	e	b	c	c	b	1.79
试验 35	b	e	a	e	b	b	a	c	d	d	c	4.67
试验 36	c	a	c	c	a	b	e	e	d	b	d	0.19
试验 37	c	b	d	d	b	c	a	a	e	e	e	1.69
试验 38	c	c	e	e	c	d	b	b	a	d	a	2.38
试验 39	c	d	a	a	d	e	c	c	b	e	b	3.90
试验 40	c	e	b	b	e	a	d	d	c	a	c	1.70
试验 41	d	a	d	e	d	a	b	e	b	c	c	0.94
试验 42	d	b	e	a	e	b	c	a	c	d	d	0.93
试验 43	d	c	a	b	a	c	d	b	d	e	e	1.05
试验 44	d	d	b	c	b	d	e	c	e	a	a	1.42
试验 45	d	e	c	d	c	e	a	d	a	b	b	2.64
试验 46	e	a	e	b	b	e	c	d	d	c	a	0.58
试验 47	e	b	a	c	c	a	d	e	e	d	b	0.46
试验 48	e	c	b	d	d	b	e	a	a	e	c	0.66
试验 49	e	d	c	e	e	c	a	b	b	a	d	2.35
试验 50	e	e	d	a	a	d	b	c	c	b	e	1.75
均值 1	3.078	1.134	2.285	1.916	1.699	1.767	2.948	1.977	1.908	2.013	2.303	
均值 2	2.159	1.341	1.792	2.169	1.973	2.543	2.474	1.862	1.981	1.916	2.209	
均值 3	2.117	1.933	1.729	2.125	2.283	2.062	1.950	2.192	2.201	1.871	1.954	
均值 4	1.511	2.556	2.210	1.884	2.240	1.736	1.542	1.954	2.169	2.003	1.801	

（续表）

试验次数	A	B	A 与 B 交互				C	D	误差列			水头损失（kPa）
均值 5	1.173	3.072	2.023	1.951	1.843	1.927	1.116	2.042	1.776	2.225	1.766	
极差	1.902	1.933	0.546	0.293	0.582	0.811	1.832	0.331	0.434	0.354	0.537	

对三因素对水头损失影响作趋势图，可看得更清楚，见图 7-5 所示。

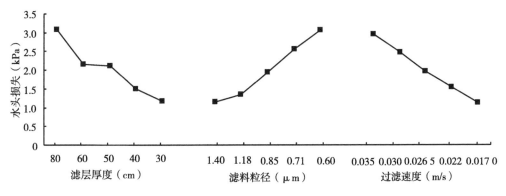

图 7-5 三因素对水头损失影响的趋势

从表 7-7 各因素列项的极差数值大小可以看出，滤料粒径、滤层厚度和过滤速度三因素均对滤层水头损失影响较大，影响次序为滤料粒径、滤层厚度、过滤速度。

从图 7-5 中可以判断出清洁滤层的水头损失与滤层厚度、过滤速度成正比，与滤料粒径的成反比。试验得出的水头损失最小时的组合因素为 A5-B1-C5，此时滤层厚度为 30cm，颗粒粒径 1.40mm，过滤速度 0.015m/s。

7.3.3.2 数据的方差分析

试验因素对水头损失的方差分析结果如表 7-8 所示。

表 7-8 对水头损失影响的方差分析

因素	偏差平方和	自由度	F 比	$F_{0.05}$ 临界值	$F_{0.01}$ 临界值	显著性
滤层厚度	21.310	4	14.466	3.260	5.410	**

因素	偏差平方和	自由度	F 比	$F_{0.05}$临界值	$F_{0.01}$临界值	显著性
滤料粒径	26.363	4	17.856	3.260	5.410	**
交互作用	9.917	16	1.676	3.260	5.410	
过滤速度	21.144	4	14.355	3.260	5.410	**
颗粒质量分数	0.589	4	0.464	3.260	5.410	
误差	4.320	12				

注：** 说明在 $F_{0.01}$ 和 $F_{0.05}$ 双重检验下均达到显著水平。

从表 7-9 方差分析结果来看，其与前面的直观分析完全一致，只是这里可以用数据来判断出滤料粒径、滤层厚度和过滤速度达到了显著性水平。

7.4 均质滤料反冲洗试验

在前文中开展了反冲洗试验研究，本部分与其不同的是试验的滤料为均质滤料，它与非均质滤料的反冲洗过程是不同的，以下是本次均质滤料反冲洗试验的总结分析。

7.4.1 排污水浊度随时间的变化关系

本部分主要研究不同试验条件主要是指不同的滤层厚度、滤料粒径和反冲洗速度时，排污水浊度随时间的变化规律。

7.4.1.1 滤层厚度对排污水浊度的影响

图 7-6 是根据不同条件下得出的试验数据绘制的排污水浊度随时间的变化关系。

从图 7-6 可以看出，随着滤层厚度的增加，排污水浊度随时间的变化趋势线逐渐变缓，即反冲洗需要的时间加长，于是造成反冲洗消耗水量增多，所有微灌过滤一般不主张加厚滤层。

7.4.1.2 反冲洗速度对排污水浊度的影响

图 7-7 是不同速度下排污水浊度随时间的变化规律。

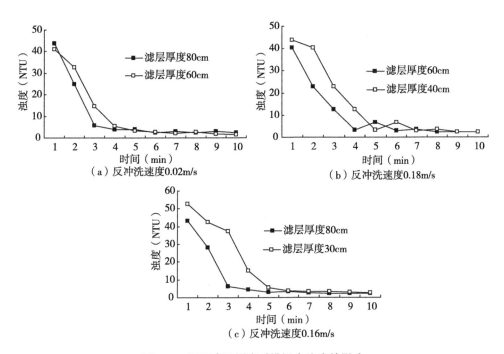

图 7-6　不同滤层厚度对排污水浊度的影响

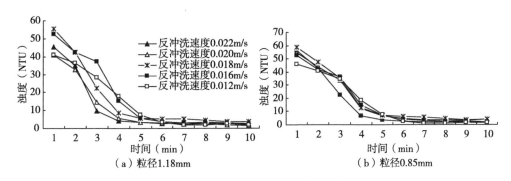

图 7-7　不同冲洗速度下排水浊度随时间的变化规律

从图 7-7 可以发现，反冲洗速度较大时，排污水浊度下降的速度就较快，如在反冲洗速度为 0.022m/s 时，4min 左右排污水浊度就接近到其最小值。当反冲洗速度为 0.012m/s 时，到 5min 时还不能接近其最小值。显然反冲洗速度与冲洗时间有关，但其影响力度又是有限的。

7.4.2 均质滤料的膨胀高度试验

本部分是结合均质滤料试验来开展膨胀高度研究的，因为膨胀高度是过滤器反冲洗的一个重要指标，它直接决定着过滤罐的容积大小，进而决定其制作成本。通过不同滤料粒径的膨胀高度的正交试验数据分析与总结如下。

7.4.2.1 数据的直观分析

直观分析数据统计如表 7-9 所示。

表 7-9 各因素对膨胀高度影响的直观分析

试验次数	滤层厚度	滤料粒径	交互列				冲洗速度	误差列				膨胀高度（cm）
试验 1	a	a	a	a	a	a	a	a	a	a	a	17.0
试验 2	a	b	b	b	b	b	b	b	b	b	b	16.5
试验 3	a	c	c	c	c	c	c	c	c	c	c	21.0
试验 4	a	d	d	d	d	d	d	d	d	d	d	30.6
试验 5	a	e	e	e	e	e	e	e	e	e	e	18.5
试验 6	b	a	b	c	d	e	a	b	c	d	e	11.5
试验 7	b	b	c	d	e	a	b	c	d	e	a	11.5
试验 8	b	c	d	e	a	b	c	d	e	a	b	17.0
试验 9	b	d	e	a	b	c	d	e	a	b	c	32.0
试验 10	b	e	a	b	c	d	e	a	b	c	d	15.5
试验 11	c	a	c	e	b	d	d	a	c	e	b	4.5
试验 12	c	b	d	a	c	e	e	b	d	a	c	3.5
试验 13	c	c	e	b	d	a	a	c	e	b	d	20.0
试验 14	c	d	a	c	e	b	b	d	a	c	e	34.0
试验 15	c	e	b	d	a	c	c	e	b	d	a	22.5
试验 16	d	a	d	b	e	c	e	c	a	d	b	1.5
试验 17	d	b	e	c	a	d	a	d	b	e	c	8.0
试验 18	d	c	a	d	b	e	b	e	c	a	d	12.0
试验 19	d	d	b	e	c	a	c	a	d	b	e	21.0
试验 20	d	e	c	a	d	b	d	b	e	c	a	14.0

（续表）

试验次数	滤层厚度	滤料粒径	交互列				冲洗速度	误差列				膨胀高度（cm）
试验 21	e	a	e	d	c	b	d	c	b	a	e	3.0
试验 22	e	b	a	e	d	c	e	d	c	b	a	1.8
试验 23	e	c	b	a	e	d	a	e	d	c	b	8.5
试验 24	e	d	c	b	a	e	b	a	e	d	c	17.0
试验 25	e	e	d	c	b	a	c	b	a	e	d	12.0
试验 26	a	a	a	d	e	d	c	b	e	b	c	8.5
试验 27	a	b	b	e	a	e	d	c	a	c	d	8.5
试验 28	a	c	c	a	b	a	e	d	b	d	e	8.0
试验 29	a	d	d	b	c	b	a	e	c	e	a	50.9
试验 30	a	e	e	c	d	c	b	a	d	a	b	42.8
试验 31	b	a	b	a	c	c	b	d	e	e	d	6.5
试验 32	b	b	c	b	d	d	c	e	a	a	e	4.8
试验 33	b	c	d	c	e	e	d	a	b	b	a	12.5
试验 34	b	d	e	d	a	a	e	b	c	c	b	22.5
试验 35	b	e	a	e	b	b	a	c	d	d	c	39.0
试验 36	c	a	c	c	a	b	e	e	d	b	d	1.0
试验 37	c	b	d	d	b	c	a	a	e	c	e	8.5
试验 38	c	c	e	e	c	d	b	b	a	d	a	16.0
试验 39	c	d	a	a	d	e	c	c	b	e	b	28.0
试验 40	c	e	b	b	e	a	d	d	c	a	c	17.0
试验 41	d	a	d	e	d	a	b	b	e	c	c	3.0
试验 42	d	b	e	a	e	b	c	a	c	d	d	4.5
试验 43	d	c	a	b	a	c	d	b	d	e	e	7.0
试验 44	d	d	b	c	b	d	e	c	e	a	a	11.0
试验 45	d	e	c	d	c	e	a	d	a	b	b	24.5
试验 46	e	a	e	b	b	e	c	d	d	c	a	2.0
试验 47	e	b	a	c	c	a	d	e	e	d	b	2.5
试验 48	e	c	b	d	d	b	e	a	a	e	c	2.0
试验 49	e	d	c	e	e	c	a	b	b	a	d	20.0
试验 50	e	e	d	a	a	d	b	c	c	b	e	14.0

（续表）

试验次数	滤层厚度	滤料粒径	交互列				冲洗速度	误差列				膨胀高度（cm）
均值1	22.22	5.83	16.55	13.61	13.46	13.45	20.80	14.52	15.21	14.80	15.93	
均值2	17.27	7.00	12.49	15.21	14.54	18.18	17.32	13.14	13.71	15.17	16.81	
均值3	15.51	12.30	12.62	15.64	16.46	16.35	14.12	15.74	15.96	13.76	15.11	
均值4	10.63	21.96	15.33	14.55	15.84	12.13	13.14	14.93	16.68	15.30	13.05	
均值5	8.31	26.71	16.94	14.94	13.66	13.81	8.54	15.56	12.34	14.88	13.01	
极差	13.97	20.86	4.44	2.04	3.01	6.07	12.28	2.61	4.35	1.57	3.81	

分析表7-9中的不同因素影响的极差大小可以发现，仍然是滤料粒径参数对均质滤料组成的滤层的膨胀高度影响最大，其余的两个参数的影响也很明显，滤层厚度要大于反冲洗速度。三个因素对膨胀高度指标的影响情况趋势见图7-8。

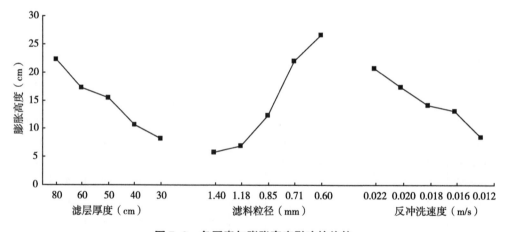

图7-8 各因素与膨胀高度影响的趋势

从图7-8中可以看出，均质滤料滤层的膨胀高度随着滤层厚度、反冲洗水流速度的减小而减小，随着滤料颗粒粒径的减小而增加。这与前面非均质滤料的试验结果基本一致。从模型试验的直接观察可以看出均质滤料反冲洗以后虽然仍然是较小粒径的颗粒留在了滤层的顶部，但并不很明显。这说明均质滤料可以有效消除"水力分级"现象的产生，可有效避免了表层"过滤现象"的发生。

7.4.2.2 数据的方差分析

对均质滤料滤层的膨胀高度进行方差分析，其计算结果见表7-10。

表 7-10 各因素对膨胀高度影响方差分析结果

因素	偏差平方和	自由度	F 比	$F_{0.05}$临界值	$F_{0.01}$临界值	显著性
滤层厚度	1 208.778	4	16.314	3.010	4.770	**
滤料粒径	3 395.083	4	45.613	3.010	4.770	**
交互作用	511.310	16	1.716	3.010	4.770	
反冲速度	847.312	4	11.369	3.010	4.770	**
误差	296.850	16				

说明：** 表示该因素在 $F_{0.01}$ 和 $F_{0.05}$ 双重检验下都达到了显著水平。

表 7-10 显示在 $F_{0.01}$ 和 $F_{0.05}$ 双重检验下滤层厚度、滤料粒径、反冲洗速度对滤层膨胀高度的影响均达到了显著性水平。可以看滤料粒径的影响明显大于滤层厚度及反冲洗速度。由于在微灌过滤中，滤层厚度的选择余地是有限的，一般在30~50cm，显然反冲洗速度是影响膨胀高度及滤层清洗用水量的关键指标。

7.4.3 反冲洗速度对膨胀高度的影响

试验共进行了两组，考虑到试验的可比较性，选择了大粒径规格均质滤料，其粒径为 1.40mm 和 1.18mm，反冲洗速度的选择范围相对也拉大到 0.03 m/s，试验的滤层厚度为60cm。试验数据如表7-11所示。

表 7-11 反冲洗速度与膨胀高度试验数据

粒径 1.40mm		粒径 1.18mm	
冲洗速度（m/s）	膨胀高度（cm）	冲洗速度（m/s）	膨胀高度（cm）
0.030	23.8	0.025	22.3
0.027	20.5	0.023	19.2
0.025	17.4	0.022	16.3

（续表）

粒径 1.40mm		粒径 1.18mm	
冲洗速度（m/s）	膨胀高度（cm）	冲洗速度（m/s）	膨胀高度（cm）
0.022	14.2	0.020	14.2
0.021	10.4	0.017	9.6
0.017	8.4	0.016	8.4

对表 7-11 中试验数据进行回归分析处理，可得出膨胀高度与反冲洗速度之间的关系图及关系式，如图 7-9 所示。

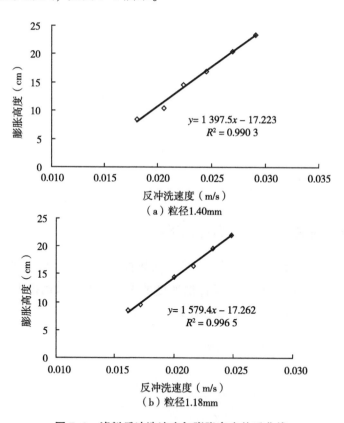

图 7-9　滤料反冲洗速度与膨胀高度关系曲线

从图 7-9 中可以看出，均质滤料滤层的膨胀高度与反冲洗速度成正比例直线

184

关系，这与前面第 6 章得出的结果相一致。

对照第 6 章的表 6-8 可以看出，在反冲洗速度 0.017m/s 情况下，非均质滤料的膨胀高度为 10.7cm，明显高于表 7-11 中的 8.4cm。这说明采用均质滤料可以有效降低滤层的膨胀高度，从而降低过滤器的生产成本。

7.5 小　结

本研究针对均质石英砂滤料对泥沙颗粒的过滤效果开展了 L50（511）正交试验，通过开展过滤试验对浊度去除率、滤后水平均 $D98$ 和清洁滤层水头损失的影响效应进行了研究。通过开展反冲洗试验对各要素对膨胀高度的影响规律进行了分析。得出下列结论。

（1）根据直观分析和方差分析结果可以，得出滤料粒径、滤层厚度对滤后水浊度去除率的影响显著，而过滤速度、颗粒质量分数则达不到显著水平；各因素对去除率的影响排序为：滤料粒径、滤层厚度、过滤速度、颗粒质量分数和交互作用。

（2）使用 $F_{0.05}$ 和 $F_{0.01}$ 对各因素进行检验，可以得出滤层厚度、滤料粒径对滤后水平均 $D98$ 均达到了显著水平，过滤速度、颗粒质量分数则不显著；各因素对滤后水的平均 $D98$ 影响程度由大到小依次为滤料粒径、滤层厚度、过滤速度、颗粒质量分数。综合分析后可以得出过滤速度与颗粒质量分数对滤后水的 $D98$ 的影响可以忽略，而滤层厚度、滤料粒径对 $D98$ 影响明显。

（3）方差分析结果显示，在 $F_{0.01}$ 和 $F_{0.05}$ 检验下滤层厚度、滤料粒径和过滤速度三因素对滤层水头损失的影响均达到了显著水平。通过对 5 种均质滤料不同滤层厚度对清洁水头损失的影响试验，得出了清洁滤层水头损失与滤层厚度呈直线相关，并依据试验数据建立了不同规格均质滤料清洁滤层的水头损失方程式。

（4）排污水浊度随时间受反冲洗速度的影响，在反冲洗速度为 0.022m/s 时，4min 后浊度接近最小值，速度为 0.012m/s 时接近最小值时间在 5min 左右。这说明增加冲洗速度并不能大幅缩短反冲洗用时，同时将会增加反冲洗用水量。

（5）通过对膨胀高度影响的正交试验可以看出，均质滤料已经基本上消除了水力分级现象的影响；影响膨胀高度的因素按显著性排序依次为滤层厚度、滤料粒径和水流速度；试验得出了膨胀高度与反冲洗速度成直线正比关系，并依据试验数据建立了两种规格均质滤料反冲洗速度与膨胀高度的关系式。

8 数值模拟的关键性技术研究

8.1 多孔介质模型的数值模拟方法

8.1.1 描述流体运动的方法

均质石英砂滤层属于均匀非圆球颗粒床，当流体通过此种结构的空间时，引进 Fluent 软件中的多孔介质模型来进行仿真。

要对多孔介质通道中流体流动进行描述，必须对多孔介质的几何特征做出假定：①多孔介质中的孔隙间是相互连通的；②孔隙的尺寸要比流体分子平均自由程大得多；③孔隙的尺寸必须足够小，这样流体的流动才会受到流体和多孔介质固体骨架界面的黏性力以及流体与流体界面上（对多相流而言）的黏性力的控制[136]。

Fluent 中描述流体运动的方法有两种：拉格朗日方法和欧拉方法。拉格朗日方法着眼于流体质点，将运动参数看作空间位置与时间的函数，侧重于研究流场中每一个质点的运动，分析运动参数随时间的变化规律，然后综合所有的流体质点，得到整个流场的运动规律。欧拉方法则着眼于空间点，将运动参数看作空间坐标与时间的函数，它研究某一瞬间整个流场内位于不同位置上的流体质点的运动参数，然后综合所有的空间点来描述整个流场[137]。

Fluent 有 1 种拉格朗日型多相流模型和 3 种欧拉型多相流模型。拉格朗日型多相流模型即 DPM（Discrete Phase Model）模型，翻译过来叫分散颗粒群轨迹模型或分散相模型。当弥散相的体积分数小于 10% 时，应该采用 DPM 模型。3 种欧拉型多相流模型分别是：VOF（Volume of Fluid）模型、Mixture 模型、Eulerian 模型。VOF 模型在整个计算域内对不互溶流体求解同一个动量方程组并追踪每种流体的体积分数来模拟多相流，它适用于在有清晰相界面的流动中捕捉相界面。Mixture 模型、Eulerian 模型适用于各相相互混合或者分离，且分散相的体积分数超过 10% 的情况[137]。由于相间曳力规律不明了，Mixture 模型是更好的选择。

8.1.2 确定流体流动状态

研究多孔介质中流体流动主要有 3 种途径：分子水平、微观模型和宏观模型。微观模型研究直接将自由流体湍流模型应用于多孔介质内部小尺度孔隙和通道的流动，宏观模型则是在宏观尺度上对微观湍流模型取体积平均的结果[138]。工程上一般研究宏观模型。

关于石英砂滤层中水流流动的雷诺数，国内有两位学者曾给出明确的计算公式。董文楚[125] 提出的计算公式为

$$R_e = \frac{\Psi \rho \, v d_e}{6 \mu (1 - \varepsilon_0)} \qquad (8.1)$$

当雷诺数小于 0.5 时，流态为层流；雷诺数在 1~10 000 时流态处于向紊流转化的过渡；雷诺数大于 10 000 时，流态为紊流。

景有海[84] 给出的计算公式为

$$R_e = \frac{\rho \, v d_e}{6 \alpha \mu (1 - \varepsilon_0)} \qquad (8.2)$$

当 $R_e < 2$ 时，流态为层流。

式（8-1）和式（8-2）中，R_e 为水流在粒状材料孔隙内流动时的雷诺数；ρ 为清水密度，998.2kg/m³；Ψ 为滤料颗粒的形状系数，取值为 0.82~0.85；v 为过滤器内水流平均速度，m/s；d_e 为滤层中滤料的当量直径，mm；μ 为水流动力黏性系数，0.001Pa·s；ε_0 为滤料初始孔隙率，0.39~0.47；α 为滤料的面积形状系数，1.25。

对于粒径 1.18mm 的滤料，用两种方法分别计算得到流态为层流的临界过滤速度均为 0.008m/s。本组实验设计参数中设计流速均大于 0.02m/s，确定过滤水流为紊流，模拟中应使用湍流模型。

8.2 关键性仿真参数

8.2.1 滤料的当量直径与孔隙尺寸

滤料由石英矿粉碎再筛分而得，其形状、粗糙度等存在差异，采用理论研究时，需要计算其当量直径[139]。当被测颗粒的某种物理特性或物理行为与某一直径的同质球体最相近时，该球体的直径就可以作为被测颗粒的等效粒径，即当量直径。根据董文楚[71]提出的计算方法，通常说的粒径 1.18mm 的石英砂滤料的当量直径为 1.09mm，1.00mm 的石英砂滤料的当量直径为 0.78mm，而粒径 0.85mm 的滤料的当量直径为 0.66mm。

石英砂颗粒在滤层中有多种排列结构，包括金字塔形、立方体形和无规则排列。金字塔形是最稳定的结构，立方体则是最不稳定的结构。滤料之间有无数孔隙，孔隙尺寸决定着它能拦截的杂质颗粒的特征。为了解孔隙尺寸情况，本研究将计算与主要过滤方向垂直的截面上孔隙的投影情况[30]。

假设石英砂滤料颗粒的形状为完美球形，半径用 R 表示。当它们以立方体结构组合时，单个孔隙投影如图 8-1（a）所示，最大孔隙面的面积为 $S_i = 0.86R^2$，允许通过的球形微粒的最大半径是 $0.42R$；若石英砂滤料直径 2mm，所形成的最大的孔隙面积是 $0.86mm^2$，允许通过的球形微粒的最大半径是 0.42mm。然而这样的结构力学稳定性远远低于金字塔形结构组合。如图 8-1（b）所示，投影方向上形成的最大单个孔隙面的面积为 $S_i = 0.162R^2$；若石英砂滤料直径 2mm，所形成的最大的孔隙面积是 $0.162mm^2$，孔隙允许通过的球形微粒的最大半径是 0.155mm。

实际中滤料的排列是一个随机过程，它介于金字塔形和立方体形结构之间。考虑结构的稳定性和不确定性，加入一个修正系数 K 后得出单个孔隙面积为 $S_i = KR^2$。其中 K 是一个 0.162~0.86 的系数。

8.2.2 滤层孔隙率

孔隙率是指多孔介质内孔隙总体积与该多孔介质总体积的比值，一般用 ε 表

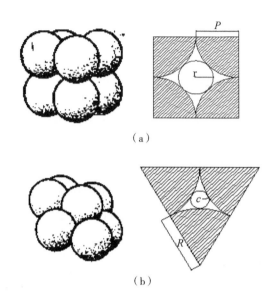

（a）

（b）

图 8-1　滤料颗粒组合结构及孔隙投影图

示。孔隙率受到颗粒形状、大小、堆积方式等众多因素的影响。根据上一节的分析，所有滤料均以立方体形式组合时，滤层的最大孔隙率为 47.7%。当所有滤料以金字塔形组合时，滤料层有最小的孔隙率 39.6%。

　　实验及工程使用的石英砂滤料由石英矿粉碎再经筛分而来，碎石英砂颗粒多有棱角，非完美球形颗粒。而且填充型的多孔介质都存在"壁面效应"，即靠近壁面处颗粒密实性较差，孔隙率高于界面平均值。本研究不考虑这些因素，假设孔隙均匀，孔隙率采用实际测定值以获得较准确数据。

　　孔隙率采用如下方法测定：取一定体积 V_s（mL）滤料，清洗至加入水不变浑浊，将滤料在烘箱中烘 3h 左右，徐徐装入干燥洁净的量筒中。在准确量取一定体积的清水 V_w（mL），缓慢注入上述装有滤料的量筒中，保证砂面被水完全淹没，轻微震动量筒释放出气泡，静置 5min 左右读出水砂混合后的体积 V_h（mL），其中重复 3 次读数取平均值，每种滤料测量两次。滤料的孔隙率由式（8.3）求得[140]：

$$\varepsilon = \frac{V_w + V_s - V_h}{V_s} \qquad (8.3)$$

每次测量完毕重复 3 次读数取平均值记录，每种滤料测量两组，测定结果如表 8-1 所示。

表 8-1 孔隙率测定参数

石英砂型号（mm）	滤料体积（mL）	水体积（mL）	混合体积（mL）	孔隙率
1.7	678	500	863	0.46
	352	200	390	0.46
1.4	690	500	876	0.46
	356	200	390	0.47
1.18	686	500	854	0.48
	336	200	378	0.47
1.0	756	500	899	0.47
	366	200	395	0.47

由于过滤过程中滤料的表层有积水，密度 998kg/m³，模拟采用孔隙率会在实验基础上适当调小。根据所查阅资料，粒径 1.18mm 的滤料层孔隙率为 0.42。

8.2.3 黏性阻力系数与惯性阻力系数

多孔介质内，由于固体颗粒的存在，对流体的流动有一定阻碍作用，表现为固体颗粒表面对流体的黏滞阻力和颗粒对流体的惯性阻力[141]。Fluent 多孔介质模型就是在定义为多孔介质的区域结合了一个根据经验假设为主的流动阻力。本质上，多孔介质模型仅仅是在动量方程上叠加了一个动量源项[142]。数值计算中，多孔介质的黏性参数体现在多孔介质的黏性阻力系数和内部阻力系数上，多孔介质对其内流体的影响主要原因在于多孔介质的阻力，由此产生压降[143]。

关于阻力压降，目前最常用的是 Ergun 型方程，该方程较好地结合了孔隙率和黏性力的影响，具体形式如下[144]。

$$\frac{\Delta P}{L} = \frac{\mu}{\alpha}v + C_2 \frac{1}{2}\rho v^2 \tag{8.4}$$

黏性阻力系数为

$$\frac{1}{\alpha} = \frac{150}{D_p^2} \cdot \frac{(1-\varepsilon)^2}{\varepsilon^3} \tag{8.5}$$

惯性阻力系数为

$$C_2 = \frac{3.5}{D_p} \cdot \frac{(1 - \varepsilon)}{\varepsilon^3} \tag{8.6}$$

湍流的一个主要特征是压降与速度之间有二次方的关系，于是根据压降—速度曲线可以建立二者关系式：

$$\Delta P = Av^2 + Bv \tag{8.7}$$

该方程与源项方程等价，则有

$$L \frac{\mu}{\alpha} = B \tag{8.8}$$

$$L C_2 \frac{1}{2} \rho = A \tag{8.9}$$

由于数值计算采用稳态形式来研究滤石英砂滤层的压降情况，某一工况下，滤料的孔隙率须始终保持不变，故以杂质质量分数0.3‰的浑水的过滤实验值来进行曲线拟合，在滤层厚度为80cm时，不同泥沙颗粒粒径配置浑水进行试验的压降—速度关系见图8-2。根据速度的二次项系数和一次项系数，联立求解黏性阻力系数和惯性阻力系数。得出：$1/\alpha = 206\ 003\ 750 \sim 345\ 342\ 500$，$C_2 = 22\ 500 \sim 25\ 000$。

8.3 小 结

本研究比较了Fluent中描述流体运动的拉格朗日方法和欧拉方法，并进一步比较了基于欧拉方法的三种多相流模型，考虑体积分数，选用了更经济的Mixture模型；计算了初始流动雷诺数，判断过滤流动为湍流。然后对必要的仿真参数进行了计算，发现单个孔隙的尺寸与石英砂颗粒的粒径紧密相关，粒径越大，孔隙面积越大。试验中测量时，砂滤料自然堆积，所得孔隙率值均较大，但是可以推断，当滤料粒径相差不大时，孔隙率值很接近。最后，拟合了压降与速度的关系曲线，计算出黏性阻力系数和惯性阻力系数范围。

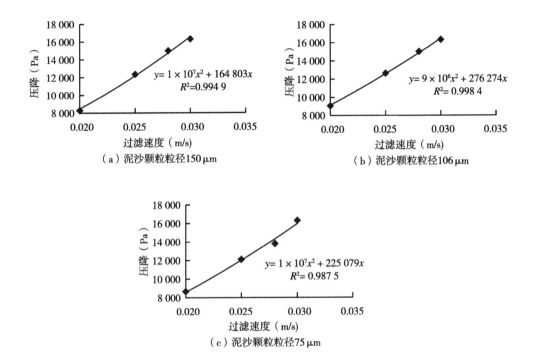

图 8-2 压降—速度关系

9   过滤压降的二维模型及计算

过滤压降是评价一个过滤器过滤性能好坏的一个重要指标，自动反冲洗过滤器的控制就是利用水头损失来启动三向阀完成的[29]。微灌用石英砂石过滤器中引起压降的最主要的部位是滤料层，压降的产生受很多因素的影响，包括石英砂颗粒的粒径、不同的过滤速度、滤层的厚度等。本章主要讨论计算二维过滤压降采用的 CFD 方法，经过数值模拟分析，对滤层中产生的压降情况有更进一步的了解。

9.1   基本理论与方法

本部分主要展示了 CFD 求解的基本思路，并给出数值模拟中用到的一些基本理论和方法，主要包括多孔介质内流体流动的物理守恒定律、对边界条件以及初始条件的离散等。这些都是后续模拟的理论基础。

9.1.1   建立控制方程

虽然多孔介质中基于孔隙尺度的流体流动是非常不规则的，但包含足够多孔隙的空间的平均物理量却以一定的规律随空间和时间变化[145]。流体流动要受物理守恒定律的支配，最基本的守恒定律包括：质量守恒定律、动量守恒定律和能量守恒定律。在流体力学中具体体现为连续性方程、动量方程和能量方程。流体力学的控制方程就是这些守恒定律的数学描述[146]。石英砂滤层的过滤过程不考虑传热，所以不考虑能量方程。

假设砂滤层中流体的流动为恒定流动，即流动平衡后，流场中各点的流速不再随时间变化，由流速决定的压强、黏性力和惯性力也不随时间变化[147]，且各向同性。

对一个控制体而言，质量守恒定律表示：单位时间内控制体中质量的增加，等于同一间隔内流入该控制体的净质量。按照这一定律，可以得出质量守恒方程式（9.1）。

$$\frac{\partial \rho}{\partial t} + \frac{\partial \rho u}{\partial x} + \frac{\partial \rho v}{\partial y} = 0 \tag{9.1}$$

式中，ρ 是流体密度，t 是时间，u、v 是流体的速度矢量 U 在 x、y 两个方向上的分量。文中假设过滤过程稳定，流体密度不随时间变化，且流体不可压缩，控制体的体积为 $dxdydz$，质量守恒方程变为

$$\frac{\partial \rho u}{\partial x} + \frac{\partial \rho v}{\partial y} = 0 \tag{9.2}$$

引入矢量符号 $div(U) = \frac{\partial u}{\partial x} + \frac{\partial v}{\partial y} + \frac{\partial w}{\partial z}$，可以表示为式（9.3）。

$$div(\rho U) = 0 \tag{9.3}$$

然后控制体分别在两个坐标方向上采用牛顿第二定律，在流体流动中的表现形式如下：单位时间内控制体中流体动量对时间的变化率，等于瞬时外界作用在控制体上的各种外力之和。其通用形式为

$$\frac{\partial (\rho u_i)}{\partial t} + div(\rho U u_i) = div(\mu \ grad \ u_i) - \frac{\partial p}{\partial x_i} + S_i \tag{9.4}$$

式（9.4）是 Navier-Stokes 方程的通用形式，式中各项依次为瞬态项、对流项、扩散项和广义源项（$-\frac{\partial p}{\partial x_i} + S_i$）。$x$、$y$ 两个方向的动量守恒方程展开形式为

$$\frac{\partial (\rho u)}{\partial t} + \frac{\partial (\rho uu)}{\partial x} + \frac{\partial (\rho uv)}{\partial y} = \frac{\partial}{\partial x}(\mu \frac{\partial u}{\partial x}) + \frac{\partial}{\partial y}(\mu \frac{\partial u}{\partial y}) - \frac{\partial p}{\partial x} + S_u \tag{9.5}$$

$$\frac{\partial (\rho v)}{\partial t} + \frac{\partial (\rho vu)}{\partial x} + \frac{\partial (\rho vv)}{\partial y} = \frac{\partial}{\partial x}(\mu \frac{\partial v}{\partial x}) + \frac{\partial}{\partial y}(\mu \frac{\partial v}{\partial y}) - \frac{\partial p}{\partial y} + S_v \tag{9.6}$$

标准流体流动方程中，若流体为不可压流动，且黏性为常数时，$S_u = S_v = 0$。基于表观速度的多孔介质模型根据多孔介质中的体积流量率计算表观速度或混合速度，能较好模拟多孔介质区内部的压力损失。而多孔介质内流体流动方程相比于标准流体流动方程，通过在动量方程中增加源项 S_i 来模拟计算域中多孔介质材

料对流体的流动阻力，源项 S_i 由两部分组成，一部分是黏性损失项，一部分是惯性损失项，x、y 两个方向的 S_i 程具体表达式为

$$S_u = -\left(\frac{\mu}{\alpha}u + C_2 \frac{1}{2}\rho \mid U \mid u\right) \qquad (9.7)$$

$$S_v = 0 \qquad (9.8)$$

其中，$\frac{1}{\alpha}$ 为黏性阻力系数，C_2 为惯性阻力系数。

9.1.2　确定边界条件

边界条件与初始条件是控制方程有确定解的前提。边界条件是在求解区域的边界上所求解的变量或其导数随地点和时间的变化规律[146]。对于任何问题，都需要给定边界条件，只有给定了合理的边界条件的问题，才可能计算出流场的解，所有的水力学问题都需要有边界条件，对瞬态问题，还需要有初始条件。初始条件是所研究对象在过程开始时刻各个求解变量的空间分布情况。由于流场的解法不同，对边界条件和初始条件的处理方式也不一样。

本次二维数值模拟，是对过滤室最大的纵截面的流场进行模拟，模型忽略了进出水管。为了减小计算量，只建立该纵截面的一半作为几何模型，将中线的边界条件设置为对称边界（Symmetry），这样，当计算完成以后可以直接得到关于中线对称的另一半流场的计算结果。壁面边界考虑黏性影响，壁面为静止壁面（Stand wall）；过滤时顶板均匀布水，给定入口速度（Velocity-inlet），下端滤料层作多孔介质处理，出口处的流动速度与压强是未知的，因此出口定义为出流边界（Outflow）；模拟中采用的液体介质为纯水，边界条件参数如下：浑水的密度 ρ 与黏度 μ 分别为 1 000.3kg/m³ 和 1.000×10⁻³Pa·s。石英砂滤料颗粒的平均密度为 2 650kg/m³。流动为常温下的稳态流动。

9.1.3　建立流域几何模型并划分网格

想要在空间域上离散控制方程，必须使用网格，网格是离散的基础，网格节点是离散化的物理量的存储位置。对几何模型进行网格划分是 CFD 数值模拟的一项重要工作，网格单元是流动控制方程数值离散的基础，生成网格的目的实质

上是为了合理的实现物理求解域与计算求解域的转换，网格类型与网格单元尺寸对 CFD 数值模拟精度有很大的影响。合理的网格更有利于求解的收敛，并且最终的结果精度相对要高一些。目前，网格分结构网格和非结构网格两大类。结构网格在空间上比较规范，如对一个四边形区域，网格往往是成行成列分布的，行线和列线比较明显。而非结构网格在空间分布上没有明显的行线和列线。

对于二维问题，Fluent 可以使用三角形、四边形或者混合单元组成的网格，在三维问题中可以使用四面体、六面体、金字塔形以及楔形单元网格，如何选择依赖具体的问题。在整个计算域上，网格通过节点联系在一起。

过滤数值计算采用二维模型，过滤器流体区域模型是宽度为 200mm，长 1 500mm 的四边形流体区域，底部有 3 个小边代替滤帽的缝隙均匀分布。过滤室左下角顶点坐标（x：0，y：0）。以 GAMBIT 2.4.6 作为前处理软件绘制二维几何模型，流体区域为规则的几何面，先对线划分等距离网格，然后分别对几何面画面网格。生成网格 1mm×1mm 的四边形网格，网格单元一共150 000个。

9.1.4 建立离散方程

采用数值方法求解反冲洗过程中颗粒运动过程的基本思想在于：把原来在空间与时间坐标中连续的物理场用一系列有限个离散点（网格节点或网格中心点）上的值的集合来代替，通过一定的原则建立起这些离散点上变量之间关系的代数方程组，即离散方程组，求解所建立起来的代数方程以获得所求解变量的近似解，计算域内其他位置上的值则根据节点位置上的值来确定。依据所引入的应变量在节点之间的分布假设及推导离散化方程的不同方法，常用的空间离散化方法有有限差分法、有限元法、有限体积法等几种[146]。

有限差分法是数值解法中最经典的方法，它是将求解域划分为差分网格，用有限的网格节点代替连续的求解域，然后将控制方程的导数用差商代替，推导出含有离散点的有限个未知数的差分方程组。它构造差分的方式主要是泰勒级数展开式，其缺点是对网格要求非常高，仅当网格极其细密时，离散方程才满足积分守恒。

有限元法是将一个连续的求解域任意分成适当形状的微小单元，并于各小单元分片构造插值函数，然后根据极值原理将问题的控制方程转化为所有单元上的有限元方程，把总体的极值作为各个单元的极值之和。其缺点是求解速度非常慢，在商用 CFD 软件中并不常用。

有限体积法是 20 世纪 70 年代 Spalding 和 Patanker 等所提出和发展起来的一种离散方法。它将计算域划分成网格，每个网格节点周围有一个连续但互不重叠的控制体，每个控制体都以这个节点做代表，通过将上述提到的控制方程对控制体积做积分来导出离散方程。其计算精度只能局限于二阶，但可以应用于不规则网格，且计算效率高，近几年发展非常迅速，在 CFD 领域得到广泛应用[137]。本研究采用了有限体积法来离散整个计算域。

前面所给定的边界条件是连续的，现需要依据所生成的网格，将连续型的初始条件与边界条件转化为特定节点上的值，如在流体静止的壁面上速度为 0，离散初始条件和边界条件以后，若静止的壁面上有 90 个节点，则这些节点上的速度值应均为 0。这样，在各节点处所建立的离散的控制方程才能对方程组进行求解[146]。

9.2　流场数值计算

流场数值计算的本质就是对离散后的控制方程组进行求解。本研究采用分离式解法。分离式解法不直接求解联立方程组，而是顺序地、逐个地求解各变量的代数方程组。本研究使用了分离式解法中使用最为广泛的压力修正法，其基本思路：首先假定初始压力场，利用压力场求解动量方程，得到速度场，然后用速度场求解连续方程，使压力场得到修正，之后求解湍流方程，最后，判断当前时间步上的计算是否收敛，若不收敛，返回求解动量方程，迭代计算；若收敛，重复上述步骤，计算下一时间段的物理量[148]。

Fluent 读取网格文件以后，首先改变网格长度单位，并对网格进行检查。本研究选取稳态工况非耦合隐式求解器进行流场的求解，多孔区域的速度选择表观速度（Superficial velocity）进行计算，梯度选项采用 Green-Gauss cell based。选用标准 $k-\varepsilon$ 湍流模型。图 9-1 是湍流数值模拟方法以及相应模型的分类。

比较了 SIMPLE 算法和 SIMPLEC 算法以后，发现前者收敛更快，因此求解过程采用 SIMPLE 算法，采用标准格式离散压力值，采用二阶迎风格式离散对流项和湍动能，以提高计算精度。

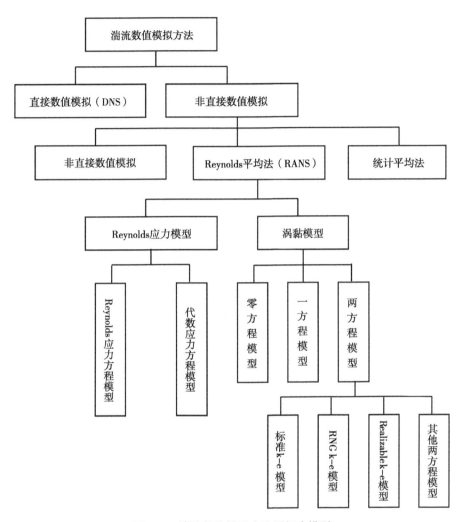

图 9-1 湍流数值模拟方法及相应模型

9.3 模拟数据及图像处理

模拟选用的滤料粒径为 1.18mm，由于二维模型底部出流条件与真实值有一定差异，为尽量减小出口边界对流体在滤层中流动特性的影响，数值模拟中，几何模型的滤层须采用较大厚度。设置滤料层的厚度为 80cm，在 0.020m/s、0.025m/s、0.028m/s 和 0.030m/s 这 4 个速度下进行过滤模拟。模拟状态为稳态。当计算收敛以后，创建需要的面和线，计算所选面和线上的压力和速度值，并以云图和等值线的形式显示出来。分析所选用的面（线）主要有：过滤室的纵截面、过滤室横截面的中心线、过滤室中轴线以及与最靠近过滤室内壁且与中轴线平行的边线。

9.3.1 流场压力分布规律

图 9-2 给出了不同过滤速度条件下滤层引起的压降分布云图和等值线图。从流场压力分布云图和压力等值线可以看出，沿着过滤水流的主要流动方向，压力值有沿程减小的趋势。且边壁处的压力高于中心处的压力。出口处压力值最小，为大气压。根据同一流线上的伯努利方程可知，出口处流动断面面积最小，流速最大，所以压力值最小。随着过滤速度的增加，整个滤层的相应压力值增加，压力变化趋势一致。

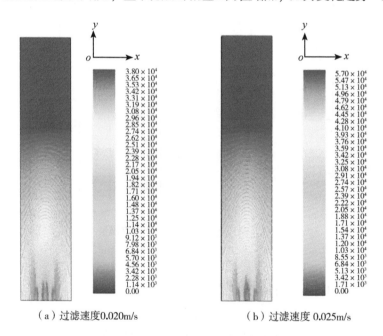

（a）过滤速度 0.020m/s   （b）过滤速度 0.025m/s

图 9-2 不同过滤速度下流场压力云图

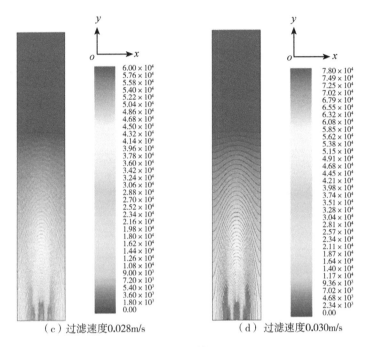

（c）过滤速度0.028m/s　　　　　（d）过滤速度0.030m/s

图9-2（续）

9.3.2　流场径向压力分布

根据数值计算所得数据，绘制了四种过滤速度下滤层5个径向线（过滤室横截面直径）上的压力值，见图9-3。

从4种过滤速度水平的径向压力等值线图中可以看出，对于处于同一高度的滤料层，其压力值并非一个固定常数。在多孔介质与水的交界面处，压力值可以近似看作常数。当所分析的滤层的高度降低时，径向压力值发生了改变，即越靠近边壁处压力越值大，越靠近中心轴，压力值越小。随着流体越来越深入孔隙，边壁压力与中心压力的差值也越来越大。这是因为流体在经过多孔区间时，存在出口效应：在出口附近，流体的流动是不稳定的。此外，还有壁面因素的影响。实际使用的石英砂滤层底部出流路径是滤帽，滤帽的过水缝隙并不可能均匀分布在底板上，因此可以推断实际应用中滤层压降的改变受滤帽的结构以及布置方式的影响很大。

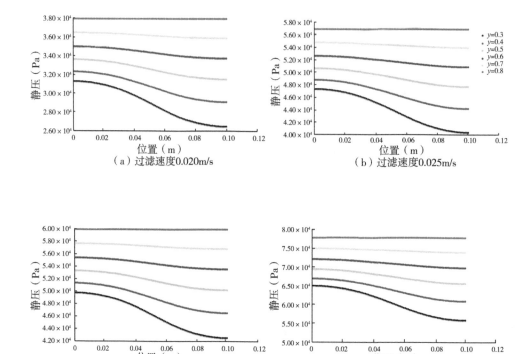

图9-3 不同过滤速度下径向压力等值线

9.3.3 流场轴向压力值与实测值对比

轴向图选取了每种工况下中轴线以及过滤室内壁上（即 $x=0$m 或 $x=0.2$m）与中轴线平行的线，与实测值相比较，详见表9-1至表9-4所示。

表9-1 过滤速度 0.020m/s 时压力值沿程变化

y（m）	压力（Pa）				百分比（%）
	中心线	边线	实测	差值	
0.1	19 418	29 991	26 420	3 571	13.5

（续表）

y (m)	压力 (Pa)				百分比 (%)
	中心线	边线	实测	差值	
0.2	23 400	30 484	27 210	3 274	12.0
0.3	26 448	31 291	28 790	2 501	8.7
0.4	29 107	32 357	30 630	1 727	5.6
0.5	31 515	33 616	32 470	1 146	3.5
0.6	33 758	35 009	34 180	829	2.4
0.7	35 901	36 485	35 240	1 245	3.5
0.8	37 994.6	37 996	38 000	-4	0.0
压降	18 576.6	8 005	11 580	-3 575	-30.9

表 9-2　过滤速度 0.025m/s 时压力值沿程变化

y (m)	压力 (Pa)				百分比 (%)
	中心线	边线	实测	差值	
0.1	30 034	45 395	44 630	765	1.7
0.2	35 881	46 106	44 760	1 346	3.0
0.3	40 331	47 274	45 950	1 324	2.9
0.4	44 191	48 818	47 660	1 158	2.4
0.5	47 670	50 643	49 630	1 013	2.0
0.6	50 900	52 663	51 340	1 323	2.6
0.7	53 984	54 803	53 580	1 223	2.3
0.8	56 992	56 994	57 000	-6	0.0
压降	26 958	11 599	12 370	-771	-6.2

表 9-3　过滤速度 0.028m/s 时压力值沿程变化

y (m)	压力 (Pa)				百分比 (%)
	中心线	边线	实测	差值	
0.1	31 727	47 005	44 900	2 105	4.7
0.2	37 866	48 479	45 790	2 689	5.9
0.3	42 535	49 803	47 370	2 433	5.1
0.4	46 583	51 422	49 340	2 082	4.2

（续表）

y（m）	压力（Pa）				百分比（%）
	中心线	边线	实测	差值	
0.5	50 228	53 336	51 580	1 756	3.4
0.6	53 612	55 453	54 340	1 113	2.0
0.7	56 842	57 697	56 450	1 247	2.2
0.8	59 992	59 994	60 000	−6	0.0
压降	28 265	12 989	15 100	−2111	−14.0

表 9-4　过滤速度 0.030m/s 时压力值沿程变化

y（m）	压力（Pa）				百分比（%）
	中心线	边线	实测	差值	
0.1	41 956	62 497	61 680	817	1.3
0.2	49 839	63 443	62 740	703	1.1
0.3	55 812	65 002	64 580	422	0.7
0.4	60 972	67 065	66 820	245	0.4
0.5	65 606	69 505	69 450	55	0.1
0.6	69 901	72 205	72 080	125	0.2
0.7	73 997	75 064	74 180	884	1.2
0.8	77 990	77 991	78 000	−9	0.0
压降	36 034	15 494	16 320	−826	−5.1

用线型图直观表示如图 9-4 所示。

当过滤速度为 0.020m/s 时，表层厚度 30cm 模拟所得中心压力值与边线压力值相差不大，实测值与二者均较为接近。当所分析的滤层高度下降时，受出流边界的影响逐渐增大，边线上的压力值与中心线的压力值差异也逐渐增大，当 $y=$ 0.1m 时，二者压力值差异达到 10 573Pa，占到边线压力值（29 991Pa）的 35%，而同样高度的实测值为 26 420Pa，虽然边线值与其更接近，但是误差为 13.5%。当速度逐渐增大，模拟所得中心线上的压力值由于出流边界的影响与实测值更加偏离，而边线压力值却与实测值更加接近，当过滤速度为 0.025m/s 和 0.028m/s

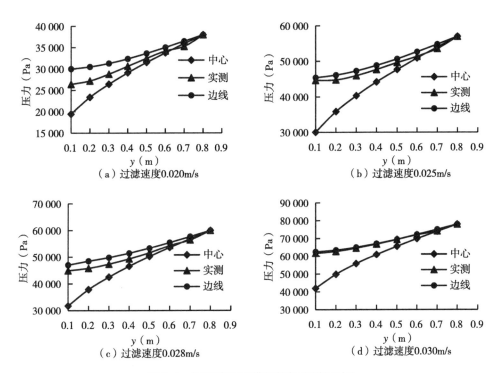

图9-4　不同滤速下模拟值与实测值对比

时，边线上压力模拟值与实测值差异显著减小，最大5.9%，当过滤速度增加到0.030m/s时，二者差异甚至降到1.3%以下，说明模拟值已经与测压管测得的值非常吻合。

9.4　小　结

本章基于多孔介质流体动力学理论，建立了过滤的二维数值模型，给出了流场运动的连续性方程和动量守恒方程，确定边界条件。经过试算和调整确定了合理的数值求解方法为SIMPLE算法，采用标准格式离散压力值，采用二阶迎风格式离散对流项和湍动能，对厚度为80cm的石英砂滤层的过滤特性进行模拟，得到流场内压力云图和速度云图。

但是由于多孔介质模型的局限性，只能近似的描述多孔介质区域内流体流动的速度矢量变化趋势，无法准确计算出过滤速度矢量图，本章便舍去了对速度场的分析。

　　通过对压力场的分析，发现沿着过滤水流的方向，流场内压力值呈下降趋势，中心线上的压降值比较边线上的压降值大。当过滤速度为 0.020m/s 时，中心线和边线上的压力值与实测值只有部分吻合，靠近过滤室底端的部分差异很大，最大差值达到 35%。当过滤速度为 0.025m/s、0.028m/s 和 0.030m/s 时，边线上的模拟值与实测值能较好地吻合，整个沿程误差都很小，而中心线上的压力值仍然是处于过滤室上端的与实测值能吻合，越靠近过滤室底部差别越大。因此，认为出流边界条件对流场内压力分布影响很大，滤层靠上的部分在受出流边界影响较小时，数值模拟所得压力值与测压管测得值吻合程度十分高，认为简化的多孔介质模型能够较好地预测滤层的压降规律。

10 反冲洗状态的数值模拟与求解

砂石过滤器的反冲洗过程是一个将滤层表面拦截、滤层内部截留和吸附的杂质颗粒清洗出滤层的过程。在这个过程中，水流以过滤器底部的滤帽为进口，从滤帽周围的小缝进入过滤室，冲击滤料层，使滤料颗粒由下至上产生运动，在运动中相互摩擦、碰撞与截留或吸附的杂质颗粒相分离开来，而滤料颗粒回落保留下来，使杂质颗粒随着水流从排污口排出过滤器之外，从而达到清洗滤层的目的。膨胀高度是指单位滤层在反冲洗水流作用下滤料上涨的高度与滤层静止时的高度差值。膨胀高度越大，说明单位体积内滤料颗粒数量越少，每一个滤料颗粒被水流包围的机会越大，同样受水流的剪切应力越大。数值模拟最直观的结果就是颗粒的运动形态以及滤层膨胀高度。

在物理学中，狭义的相是指物质的气、液、固和等离子体四相，狭义上的多相流指的是两种以上不同形态的物质所组成的混合体的流动。广义的则不然，它根据流动中物质所具有的运动特性（动力学性质）来划分[149]，拥有单纯的化学组成和物理性质（如密度、晶体结构、形态等）才成为同一相。在 Fluent 数值模拟中，杂质颗粒由于密度、性状均异于石英砂颗粒，须作石英砂颗粒相之外的另一颗粒相处理，由于杂质颗粒的含量很少，且受计算机配置、计算时间的限制，本研究不考虑杂质颗粒的存在，只在反冲洗状态稳定时，对石英砂颗粒的运动特性进行研究，因此是一个固—液两相流的模拟。

10.1 基本理论和方法

10.1.1 建立控制方程

Mixture 多相流模型是一种简化的模拟多相流的欧拉方法，假定了各相在短空间尺度上局部的平衡，求解混合相的连续性方程和动量方程[150]，用以模拟各相有不同速度的多相流以及由强烈耦合的各向同性多相流和各相以相同速度运动的多相流[151]，还可以求解第二相的体积分数以及相对速度方程[152]。它使用滑移速度，允许相（水和石英砂颗粒）以不同的速度运动，使用了代数滑移公式。该公式的基本假设是规定滑移速度的代数关系，相之间的局部平衡在短的空间长度尺度上达到。

石英砂颗粒与清水两相流运动受到多种力的作用，其中不依赖于流体和颗粒相对运动的力有惯性力、压力梯度力以及重力等，即使水相与颗粒相相对静止，这类力也不会消失。其中依赖于流体和颗粒相的相对运动的力，又分为与相对运动速度平行的力和与相对速度垂直的力，前一种类型的力包括相间阻力、附加质量力以及 Basset 力等，其中相间阻力与相对速度有关，附加质量力和 Basset 力则与相间相对加速度相关；后一种类型的力包括形状升力、Saffamn 力、Magnus 力等[149]。由于上述压强梯度力、虚拟质量力、Magnus 力以及 Saffman 力等作用力的量级很小，可以忽略。

混合模型使用的是单流体方法，它允许各相之间的相互贯穿（Interpenetrating）。所以对一个控制体的体积分数 α_q 和 α_p 可以是 0~1 的任意值，取决于相 q 和相 p 所占有的空间。混合模型使用了滑流速度的概念，允许相以不同的速度运动。混合相流动相连续方程[153-154]如式（10.1）。

$$\frac{\partial}{\partial t}\rho_m + \frac{\partial}{\partial x_j}(\rho_m u_{mj}) = 0 \tag{10.1}$$

式中，u_{mj} 为混合相的平均速度，$u_{mj} = \dfrac{\sum\limits_{k=1}^{n}\alpha_k\rho_k u_{kj}}{\rho_m}$；$\rho_m$ 为混合相密度 m^3/s，$\rho_m = \sum\limits_{k=1}^{n}\alpha_k\rho_k$，其中，$n$ 为相数，α_k 为第 k 相体积分数，ρ_k 为第 k 相质量密度；x_j 为空间坐标，$j=1$、2、3；t 为时间。

将水相和颗粒相动量方程融合得到的动量方程为

$$\frac{\partial(\rho_m u_{mi})}{\partial t} + \frac{\partial}{\partial x_j}(\rho_c u_{mi}u_{mj})$$

$$= -\frac{\partial p}{\partial x_i} + \frac{\partial p_{s,\,total}}{\partial x_i} + \frac{\partial}{\partial x_j}(\tau_{mij}) + \rho_m g_i + F_i + \frac{\partial}{\partial x_j}\Big(\sum_{k=1}^{n}\rho_k u_{dr,\,ki} u_{dr,\,kj}\Big) +$$

$$\frac{\partial}{\partial x_j}(-\rho_m \overline{u'_{mi} u'_{mj}}) \tag{10.2}$$

颗粒相的体积分数从相连续性方程获得，离散形式下的方程为

$$\frac{\partial}{\partial t}(\alpha_s \rho_s) + \frac{\partial}{\partial x_j}(\alpha_s \rho_s u_{mj}) = -\frac{\partial}{\partial x_j}(\alpha_s \rho_s u_{dr,\,sj}) \tag{10.3}$$

式中，p 为水相总压力，N；$p_{s,\,total}$、p_s 为颗粒相总压力和颗粒相碰撞引起的颗粒相压力，N，$p_{s,\,total} = \sum\limits_{s=1}^{n} p_s$；$F_i$ 为体积力，N；τ_{mij} 为混合相的黏性应力，N；$\tau_{mij} = \mu_m\Big(\dfrac{\partial u_{mj}}{\partial x_i} + \dfrac{\partial u_{mi}}{\partial x_j}\Big)$（其中，$\mu_m = \mu_c + \sum\limits_{s=1}^{n}\mu_s$，$\mu_m$ 为混合相黏性系数，Pa·s；μ_c 为水的黏性系数，Pa·s；μ_s 为颗粒碰撞引起的颗粒相黏性系数，Pa·s）；$u_{dr,\,ki}$、$u_{dr,\,kj}$ 水相和颗粒相相对于混合速度的漂移速度，m/s；$u_{dr,\,ki} = u_{ki} - u_{mi}$；$-\rho \overline{u'_{mi} u'_{mj}}$ 为混合相雷诺应力，N；u'_{mi}、u'_{mj} 为混合相脉动速度，m/s。

10.1.2 建立几何模型并划分网格

过滤器流体区域模型是内径200mm，长1 200mm的竖直有机玻璃管，底部有3个滤帽均匀分布。本研究使用Pro/E建立过滤器三维几何模型，并以GAMBIT 2.4.6作为前处理软件生成网格。

先将流体区域划分为规则的几何体，然后分别对几何体画网格。先画线网格，为保证网格质量，近壁使用边界层网格，然后采用非结构化四边形网格对整个面进行划分网格，过滤模型与反冲洗模型的网格节点步长均设置为0.1mm。分块划分体网格的时候，用Cooper的体网格划分法，选择楔形网格，然后使用六面体网格离散该几何体[155]，对几何块相邻的地方的网格进行平滑处理。总共生成节点346 678个，面网格1 003 347个，网格单元328 285个，最小网格体积为0.3mm³，总网格体积为0.0376m³。所得到的计算网格如图10-1和图10-2所示。

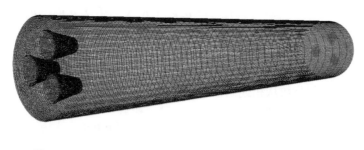

图 10-1 整体网格

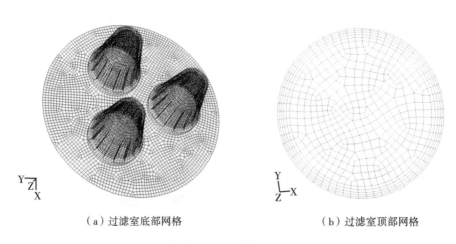

（a）过滤室底部网格   （b）过滤室顶部网格

图 10-2 局部网格

10.2 流场数值计算

计算中压力速度耦合选用 Van Doormal 和 Raithby 提出的 SIMPLEC 算法，（SIMPLE consistent 的缩写），意为协调一致的 SIMPLE 算法。它是 SIMPLE（Semi-implicit method for pressure-linked equations 的缩写）的改进算法之一。SIMPLEC 算法的基本流程：给定一个速度分布，用于计算首次迭代时的动量离散方程中的系数和常数项。再假定一个压力场，根据当前压力场计算离散方程组中的系数和常数项，求解离散形式的动量方程和其他离散化的输运方程，得出速度场。因为压力场是假定的或不精确的，这样得到的速度场一般不满足连续方程，因此，必须对给定的压力场加以修正。修正的原则：与修正后的压力场相对应的速度场能满足这一迭代层次上的连续方程。据此原则，我们把由动量方程的离散形式所规定的压力与速度的关系式代入连续方程的离散形式，从而得到压力修正方程，由压力方程得出压力修正值。接着根据修正后的压力场，求解速度场。如此反复，直到获得收敛的解。其中，相邻两次迭代的计算值之差小于给定误差范围即判定为收敛。

　　湍流的数值模拟方法可以分为直接数值模拟方法和非直接数值模拟方法，直接数值模拟（Direct numerical simulation，简称 DNS）方法就是直接用瞬时的 Navier-Stokes 方程对湍流进行计算。从物理结构来看，湍流就是由各种不同尺度的涡叠合而成的流动，这些涡的大小及旋转轴的方向分布是随机的。DNS 对内存空间及计算速度的要求非常高，即使计算机硬件条件达到了 DNS 模拟的要求，要精确给出满足最小尺度量合理的边界条件和初始条件是不可能的，而且，为了减少耗散和色散，DNS 中常采用高阶离散方案，由此产生的边界条件和处理复杂集合外形的流动很困难，因此 DNS 目前还无法用于真正意义上的工程计算。大量的探索性工作正在进行中，有可能在不远的将来将这种方法用于实际工程计算[156-158]。目前我们只能采用非直接模拟，有 3 种可选：大涡模拟法（LES）、Reynolds 平均法（RANS）和统计平均法。本研究采用 Reynolds 平均法，其核心不是直接求解瞬时的 Navier-Stokes 方程，而是想办法求解时均化的 Reynolds 方程，求解湍流引起的平均流场的变化，对工程实际应用可以取得很好的效果。RANS 下的涡黏模型包含零方程模型、一方程模型和两方程模型，两方程模型有 4 个分支：Standard $k-\varepsilon$ 模型、RNG$k-\varepsilon$ 模型、realizable$k-\varepsilon$ 模型和其他两方程模型。由于湍流问题的复杂性，且考虑 CPU 的计算时间和收敛性，本研究引入 Launder 和 Spalding 1972 年提出的 Standard $k-\varepsilon$ 模型对流场进行求解，它是在关于湍动能 k 的方程的基础上，引入一个关于湍流耗散率 ε 的方程形成的，称为标准 $k-\varepsilon$ 模型。其中，表示湍动耗散率的 ε 被定义为

$$\varepsilon = \frac{\mu}{\rho} \overline{\left(\frac{\partial u'_i}{\partial x_k} \right) \left(\frac{\partial u'_i}{\partial x_k} \right)} \qquad (10.4)$$

标准 $k - \varepsilon$ 模型中,k 和 ε 是两个基本的未知量,与之相应的输运方程为

$$\frac{\partial(\rho k)}{\partial t} + \frac{\partial(\rho k u_i)}{\partial x_i} = \frac{\partial}{\partial x_j}\left[\left(\mu + \frac{\mu_t}{\sigma_k}\right)\frac{\partial k}{\partial x_j}\right] + G_k - \rho\varepsilon \qquad (10.5)$$

$$\frac{\partial(\rho\varepsilon)}{\partial t} + \frac{\partial(\rho\varepsilon u_i)}{\partial x_i} = \frac{\partial}{\partial x_j}\left[\left(\mu + \frac{\mu_t}{\sigma_k}\right)\frac{\partial\varepsilon}{\partial x_j}\right] + \frac{C_{1\varepsilon}\varepsilon}{k}G_k - C_{2\varepsilon}\rho\frac{\varepsilon^2}{k} \qquad (10.6)$$

湍动黏度 μ_t 可以表示成 k 和 ε 的函数,即

$$\mu_t = \rho C_\mu \frac{k^2}{\varepsilon} \qquad (10.7)$$

G_k 是由平均速度梯度引起的湍动能 k 的产生项,用式(10.8)计算。

$$G_k = \mu_t\left(\frac{\partial u_i}{\partial x_j} + \frac{\partial u_j}{\partial x_i}\right)\frac{\partial u_i}{\partial x_j} \qquad (10.8)$$

式中,$C_{1\varepsilon}$、$C_{2\varepsilon}$ 和 C_μ 均为经验常数,σ_k 和 σ_ε 分别是与湍动能 k 和湍流耗散率 ε 对应的 Prandtl 数。根据 Launder 等的推荐值及后来的实验验证,各模型常数的取值为[146]

$$C_{1\varepsilon} = 1.44,\ C_{2\varepsilon} = 1.92,\ C_\mu = 0.09,\ \sigma_k = 1.0,\ \sigma_\varepsilon = 1.3$$

本研究选取稳态工况的非耦合隐式求解器进行流场的模拟,梯度插值(Gradient option)采用 Green-Gauss cell based 方案,采用标准格式离散压力值,采用二阶迎风格式离散对流项和湍动能。

Fluent 6.3 中设置了监测窗口模块,监测进出口面压力、速度、连续性方程等的残差变化。利用这一点,在计算时可以很方便地监测计算的收敛与否。收敛精度为 1×10^{-4}。

10.3 模拟数据及图像处理

模拟选用的滤料粒径为 1.18mm 和 0.85mm 两种,分别设置 80cm、50cm 和 30cm 共 3 种厚度的滤料层,在 0.02m/s、0.023m/s 和 0.025m/s 这 3 个速度下进行反冲洗模拟。模拟状态为稳态,分析所选用的面主要有:$y=0$ 的过滤室的纵截

面；含有石英砂颗粒的平行于清水入口的不同高度的横截面，最大直径等于过滤室直径；各横截面与 $y=0$ 面的交线。本部分主要分析不同滤层厚度时石英砂颗粒的体积分数、不同反冲洗速度下滤料层的膨胀情况和石英砂颗粒的运动速度。

10.3.1 不同滤层厚度时滤料体积分数的分析

相含率（Phases fraction）是 Fluent 软件在模拟多相流流场时给出的反映流场内某一相物质某一特征占所有相物质该特征值的比例，该特征值可以是质量、体积等。本研究分析的是 Phase volume fraction，计算某一微小控制体中石英砂颗粒相的体积占该控制体体积内水、砂两相物质总体积的百分比，即石英砂颗粒的体积分数。

（1）图 10-3 为滤料层厚度 80cm 时，不同反冲洗速度下，砂滤料体积分数沿程变化规律。

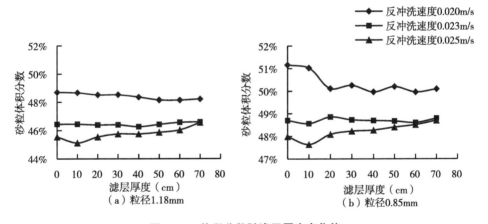

图 10-3 体积分数随滤层厚度变化值

对于粒径为 1.18mm 的石英砂滤料，当反冲洗速度较小时，如 0.020m/s、0.023m/s，整个滤层厚度方向上砂粒体积分数基本保持稳定，前者在 48% ~ 49%，后者在 46.4% 上下波动。说明在反冲洗进入稳定状态时，整个滤层（0 ~ 70cm 段）都发生轻微膨胀，0.023m/s 速度下，每一层的体积分数值显著减小，说明该反冲洗速度下平均每颗石英砂颗粒周围包含了更多的水。从水流剪切力使杂质脱落的角度来说，反冲洗速度采用 0.023m/s 比采用 0.020m/s 反冲洗效果更好。反冲洗速度为 0.025m/s 时，该反冲洗速度下几乎所有层的砂粒体积分数值均小于 0.023m/s 速度下，每一层的体积分数值。但是差值不大，说明这两种反冲洗状态下滤料的运动形式没有太大差别。此时，砂粒体积分数有沿程增大的趋势，说明滤料越接近表层占据体积分数越小，越接近底部体积分数越大，即越接近表层滤料的膨胀程度越大，越靠近底部滤料的膨胀程度越小。

对于粒径为 0.85 mm 的石英砂滤料，误差允许范围内依然是速度越大，每层砂粒的体积分数值越小。同时，各层砂粒体积分数值均略小于粒径为 1.18mm 的滤层的相应值。从速度 0.020m/s 增加到 0.023m/s 时，体积分数有较大幅度减小，则可以推断膨胀情况有明显变化；而从 0.023m/s 增加到 0.025m/s 时，体积分数减小的比率很小，虽然膨胀高度有所增加，但是增幅不大。

因此，对于厚度为 80cm 的滤层，0.020m/s 的反冲洗水流速度能引起滤层的轻微膨胀，增加反冲洗水流速度直接影响滤层膨胀高度，反冲洗速度越大，冲洗越有利。但是当反冲洗水流速度为 0.023m/s 时，每一层平均体积分数降到接近 46.4% 或者低于 46.4%，继续增大反冲洗水流速度并不会取得更好的效果。如果此时反冲洗效果远不符合要求值，应该探索其他的反冲洗方法，如现在常用的加气反冲洗。

（2）滤料层厚度 50cm 时，不同反冲洗速度下，滤料体积分数沿程变化规律见图 10-4。

整体来看，对于同种粒径的砂滤料，采用相同速度反冲洗时，厚度为 50cm 的滤层各层体积分数都小于的厚度为 80cm 的滤层各层的体积分数，说明清水反冲洗时滤层的厚度对滤层的膨胀情况有影响，当其他条件不变，滤层厚度较小时，膨胀的程度越大。此外，粒径为 0.085mm 的滤层各层砂粒体积分数值均小于粒径为 1.18mm 的滤层的相应值。说明厚度值为 50cm 的滤层，粒径对反冲洗后滤层膨胀程度的影响更加显著。在相同的反冲洗水流速度下，滤层含石英砂粒径越小，每一层的体积分数越小，膨胀的就越充分。对于粒径 1.18mm 的滤层，反冲洗速度逐渐增大时，每一层的体积分数减小比率比滤层厚度为 80cm 时减小的比率更大，说明即使滤料颗粒较大，在滤层厚度较小的情况下，改变反冲洗速度对滤层的膨胀程度影响更显著。

（3）滤料层厚度 30cm 时，不同反冲洗速度下，滤料体积分数沿程变化规律见图 10-5。

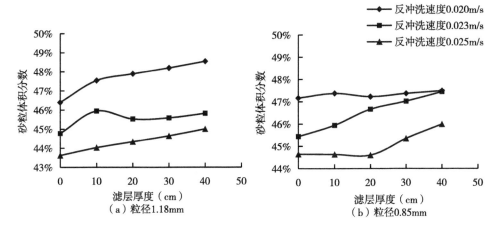

图 10-4　体积分数随滤层厚度变化值

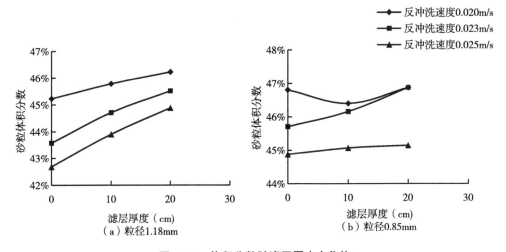

图 10-5　体积分数随滤层厚度变化值

　　在滤层厚度为 30cm 时，对于相应的滤料粒径，反冲洗过程中滤层每一层的体积分数比之前两种厚度下的体积分数值更小，范围在 42%~47%，说明整个滤层的膨胀都更充分。当滤层粒径为 1.18mm 时，对该厚度的滤层进行清水反冲洗，每一层的膨胀程度差异很大，即使反冲洗速度为 0.020m/s，表层滤料的体积分数也能降至 45.24%，对于颗粒粒径较大的滤料，当滤层厚度较小时，改变反冲洗水流速度对滤层的膨胀情况影响比较显著。此时的膨胀状态在相含率云图上可以清晰地辨别出来，见图 10-6 和图 10-7。

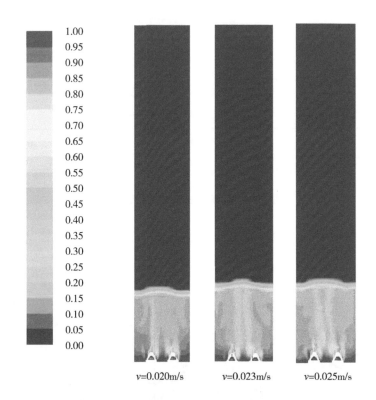

$$v=0.020\text{m/s} \qquad v=0.023\text{m/s} \qquad v=0.025\text{m/s}$$

图 10-6　滤料粒径 1.18mm 时体积分数云图

从体积分数云图除可以观察到膨胀高度以外，还可以确定的是滤帽与滤帽之间以及滤帽与有机玻璃柱边壁之间滤料占很大比例，说明这部分没有太多水流，可谓反冲洗的死角。由于云图不能精确得出膨胀高度，须导出详细数据来计算。

10.3.2　滤料层膨胀高度的分析

设初始滤层填充高度为 H（cm），添加石英砂的方式是对该区域进行 Patch 操作，所 Patch 的滤料体积分数为 θ_0，假设滤层膨胀以后的高度为 H_a（cm），平

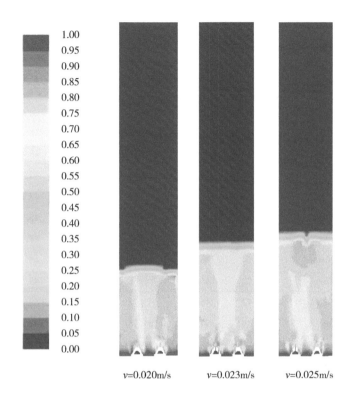

$v=0.020\text{m/s}$ $v=0.023\text{m/s}$ $v=0.025\text{m/s}$

图 10-7   滤料粒径 0.85mm 时体积分数云图

均体积分数为 θ 。

根据守恒原理，有

$$H \cdot \theta_0 = H_a \cdot \theta \tag{10.9}$$

则 $H_a = H \cdot \theta_0/\theta$ 。

另有一种算法，将滤层分成每 10cm 的 n 层，测量每一层的体积分数记为 θ_i ，$i=1$ ，2，$\cdots$，n。则根据式（10.10）计算 H_a 。

$$H_a = 10\theta_0(1/\theta_1 + 1/\theta_2 + \cdots\cdots + 1/\theta_n) \tag{10.10}$$

膨胀高度 $\Delta H = H_a - H$（cm），膨胀率的计算方法则为 $\Delta H/H \%$ 。

10.3.2.1   数据整理与计算

根据 Fluent 输出的数据，对各厚度层体积分数整理，并用上述两种方法计算

217

膨胀高度与膨胀率如表 10-1、表 10-2 和表 10-3 所示。

表 10-1 滤层厚度 80cm 时，数值计算所得膨胀高度

项目		计算数值					
		粒径 1.18mm			粒径 0.85mm		
		反冲洗速度 0.020m/s	反冲洗速度 0.023m/s	反冲洗速度 0.025m/s	反冲洗速度 0.020m/s	反冲洗速度 0.023m/s	反冲洗速度 0.025m/s
不同厚度颗粒相体积分数（%）	0cm	48.70	46.45	45.55	50.66	48.20	47.49
	10cm	48.67	46.45	45.13	50.53	48.06	47.14
	20cm	48.52	46.39	45.55	49.61	48.36	47.59
	30cm	48.53	46.41	45.76	49.75	48.22	47.73
	40cm	48.37	46.27	45.76	49.46	48.19	47.77
	50cm	48.15	46.43	45.87	49.70	48.17	47.90
	60cm	48.14	46.58	46.04	49.46	48.10	48.01
	70cm	48.22	46.60	46.56	49.59	48.29	48.20
平均体积分数（%）		48.42	46.45	45.78	49.85	48.20	47.73
床层高度（cm）		95.84	99.90	101.36	97.90	101.25	102.25
膨胀高度（cm）		15.84	19.90	21.36	17.90	21.25	22.25
床层高度（cm）		95.84	99.90	101.37	97.91	101.25	102.25
膨胀高度（cm）		15.84	19.90	21.37	17.91	21.25	22.25
膨胀率（%）		19.80	24.88	26.71	22.39	26.56	27.81

表 10-2 滤层厚度 50cm 时，数值计算所得膨胀高度

项目		计算数值					
		粒径 1.18mm			粒径 0.85mm		
		反冲洗速度 0.020m/s	反冲洗速度 0.023m/s	反冲洗速度 0.025m/s	反冲洗速度 0.020m/s	反冲洗速度 0.023m/s	反冲洗速度 0.025m/s
不同厚度颗粒相体积分数（%）	0cm	46.40	44.78	43.62	47.17	45.44	44.65
	10cm	47.55	45.95	44.04	47.37	45.95	44.64
	20cm	47.90	45.53	44.34	47.23	46.67	44.60
	30cm	48.20	45.59	44.65	47.37	47.02	45.36
	40cm	48.55	45.82	45.01	47.49	47.45	46.00

（续表）

项目	计算数值					
	粒径 1.18mm			粒径 0.85mm		
	反冲洗速度 0.020m/s	反冲洗速度 0.023m/s	反冲洗速度 0.025m/s	反冲洗速度 0.020m/s	反冲洗速度 0.023m/s	反冲洗速度 0.025m/s
平均体积分数（%）	47.72	45.54	44.33	47.33	46.51	45.05
床层高度（cm）	60.77	63.69	65.41	64.45	65.58	67.70
膨胀高度（cm）	10.77	13.69	15.41	14.45	15.58	17.70
床层高度（cm）	60.79	63.69	65.42	64.45	65.60	67.71
膨胀高度（cm）	10.79	13.69	15.42	14.45	15.60	17.71
膨胀率（%）	21.57	27.38	30.84	28.89	31.20	35.43

表 10-3　滤层厚度 30cm 时，数值计算所得膨胀高度

项目		计算数值					
		粒径 1.18mm			粒径 0.85mm		
		反冲洗速度 0.020m/s	反冲洗速度 0.023m/s	反冲洗速度 0.025m/s	反冲洗速度 0.020m/s	反冲洗速度 0.023m/s	反冲洗速度 0.025m/s
不同厚度颗粒相体积分数（%）	0cm	45.23	43.58	42.69	46.80	45.71	44.88
	10cm	45.79	44.71	43.90	46.40	46.16	45.07
	20cm	46.23	45.52	44.89	46.87	46.87	45.15
平均体积分数（%）		45.75	44.60	43.83	46.69	46.25	45.03
床层高度（cm）		38.03	39.01	39.70	39.19	39.57	40.64
膨胀高度（cm）		8.03	9.01	9.70	9.19	9.57	10.64
床层高度（cm）		38.04	39.02	39.72	39.19	39.58	40.64
膨胀高度（cm）		8.04	9.02	9.72	9.19	9.58	10.64
膨胀率（%）		26.79	30.08	32.40	30.65	31.92	35.46

由于两种方法计算得到的滤层膨胀高度非常接近，所以本研究直接采用了分层计算的结果。滤层膨胀高度与反冲洗速度的关系直观显示如图 10-8 所示。

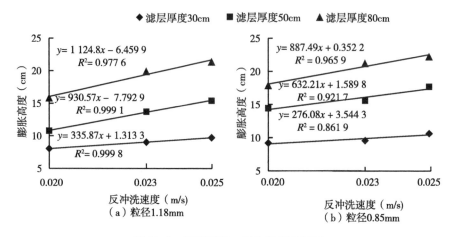

图 10-8　膨胀高度—反冲洗速度关系

从膨胀高度—反冲洗速度关系图以及其线性拟合曲线可以看出，对于固定厚度的滤层，反冲洗速度与膨胀高度线性相关，且膨胀高度随着反冲洗速度的增加而增加，与赵红书[30]得出的结论一致。粒径 1.18mm 的石英砂滤层，在 0.023m/s 的反冲洗速度下，当滤层厚度为 80cm 时，膨胀高度 19.90cm，膨胀率为 24.88%；当滤层厚度为 50cm 时，膨胀高度 13.69cm，膨胀率为 27.38%；滤层厚度为 30cm 时，膨胀高度 9.02cm，膨胀率为 30.08%。粒径 0.85mm 的石英砂滤层，在 0.023m/s 的反冲洗速度下，当滤层厚度为 80cm 时，膨胀高度为 21.25cm，膨胀率为 26.56%；当滤层厚度为 50cm 时，膨胀高度 15.6cm，膨胀率为 31.20%；滤层厚度为 30cm 时，膨胀高度 9.58cm，膨胀率为 35.46%。在另外两种反冲洗速度下，同样对膨胀高度和膨胀率进行对比，其他条件相同时，滤料粒径越小，膨胀率和膨胀高度越大；滤层厚度越大，膨胀高度越大，但是其膨胀率越小（图 10-9）。

10.3.2.2　对模拟结果的部分验证

在模型实验中，石英砂滤料形状的不规则或者滤帽等附件的制造偏差导致反冲洗稳定后砂滤料的膨胀状况并非中心对称，需要多方位测量膨胀高度。待反冲洗稳定状态以后，沿着有机玻璃柱外壁每 90°用皮尺测量滤层的高度，得到 4 个膨胀后滤层的高度，进行平均值计算，得到的值作为所测反冲洗滤层膨胀后的高

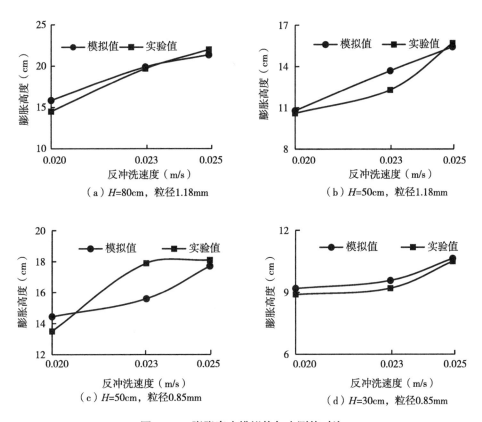

图 10-9 膨胀高度模拟值与实测值对比

度值。根据前文所述方法计算滤层膨胀高度。

对粒径 1.18mm 的石英砂颗粒,将滤层厚度为 80cm 和 50cm 分别在 3 个速度下运行的 6 种工况的数值模拟结果与实验测定值进行对比,大部分模拟值都与实验值接近。对粒径 0.85mm 的石英砂颗粒,将滤层厚度为 50cm 和 30cm 的 6 种工况下的数值模拟结果与实验测定值进行对比,反冲洗速度 0.023m/s 时,厚度50cm 的结果略有些差异,其他的值都比较接近。数值模拟结果和实验结果显示的膨胀高度与速度的关系是一致的,即随着过滤速度的增加,膨胀高度呈增加的趋势。

10.4 小 结

本章基于固—液两相流理论，建立了三维过滤器模型，对不同滤料粒径、不同厚度的滤层采用清水以不同速度反冲洗的过程进行数值模拟，通过颗粒相体积分数的分层数值报告分析了流场内石英砂颗粒的分布规律，并计算了滤层的膨胀高度。

探究膨胀高度与反冲洗速度、滤层厚度以及滤料粒径的关系，发现以下结论。

（1）膨胀高度与反冲洗速度线性相关，膨胀高度和膨胀率随着反冲洗速度的增加而增加；当反冲洗速度从 0.020m/s 增加到 0.023m/s 时，膨胀高度和膨胀率都有一个较大的跳跃，而反冲洗速度从 0.023m/s 增加到 0.025m/s 时，膨胀高度和膨胀率的变化比率却很小，可能是因为反冲洗速度存在一个临界值，当大于这个值的时候滤层才开始膨胀，处于临界值附近的反冲洗速度 0.02m/s 引起的膨胀高度与理论值相比偏小。

（2）滤层厚度越大，膨胀高度越大，但是其膨胀率越小；其他条件相同时，滤料粒径越小，膨胀率和膨胀高度越大。将模拟值与实验值对比，发现两者能较好吻合。

参考文献

［1］ 钱蕴壁，李英能，杨刚，等. 节水农业新技术研究［M］. 郑州：黄河水利出版社，2002.

［2］ HEDLEY C B, YULE I J. A method for spatial prediction of daily soil water status for precise irrigation scheduling［J］. Agricultural Water Management, 2009, 96（12）：1737-1745.

［3］ KOUMANOV K S, HOPMANS J W, SCHWANKL L J, et al. Application efficiency of micro-sprinkler irrigation of almond trees［J］. Agricultural Water Management, 1997, 34（3）：247-263.

［4］ PAUL D M. Water analysis, filtration keys to drip performance［J］. American Fruit Grower, 2007, 127（1）：8-9.

［5］ 付琳，董文楚，郑耀泉，等. 微灌工程技术指南［M］. 北京：水利电力出版社，1988.

［6］ RUM J E, BOESEN M V, JOVANOVIC Z, et al. Farmers' incentives to save water with new irrigation systems and water taxation：A case study of Serbian potato production［J］. Agricultural Water Management, 2010, 98（3）：465-471.

［7］ LUTHRA S K, KALEDONKAR M J, SINGH O P, et al. Design and development of an auto irrigation system［J］. Agricultural Water Management, 1997, 33（2-3）：169-181.

［8］ PANDE P C, SINGH A K, ANSARI S, et al. Design development and testing of a solar PV pump based drip system for orchards［J］. Renewable Energy, 2014, 28（3）：385-396.

［9］ THORBURN P J, BRISTOW K, ANNANDALE J G. Micro-Irrigation：

Advances in system design and management-Introduction [J]. Irrigation Science, 2003, 22 (3-4): 105-106.

[10] NAMARA R E, NAGAR R K, UPADHYAY B. Economics, adoption determinants, and impacts of micro - irrigation technologies: empirical results from india [J]. Irrigation science, 2007, 25 (3): 283-297.

[11] KULECHO I K, Weatherhead E K. Reasons for smallholder farmers discontinuing with low - cost micro - irrigation: A case study from Kenya [J]. Irrigation and Drainage Systems, 2005, 19 (2): 179-188.

[12] YANG B W, CHANG Q. Wettability studies of filter media using capillary rise test [J]. Separation and Purification Technology, 2008, 60 (3): 335-340.

[13] 石秀兰, 张明炷. 我国部分微灌工程的水质分析与评价 [J]. 喷灌技术, 1989 (1): 2-6.

[14] 石秀兰, 张明炷. 滴灌堵塞的水质化学处理 [J]. 喷灌技术, 1995 (2): 39-41.

[15] DURAN-ROS M, ARBAT G, J BARRAGÁN, et al. Assessment of head loss equations developed with dimensional analysis for micro irrigation filters using effluents [J]. Biosystems Engineering, 2010, 106 (4): 521-526.

[16] JEAN J S, TSAO C W, CHUNG M C. Comparative endoscopic and SEM analyses and imaging for biofilm growth on porous quartz sand [J]. Biogeochemistry, 2004, 70 (3): 427-445.

[17] 张明炷, 史秀兰. 滴头堵塞及其机理的初步试验研究 [J]. 喷灌技术, 1989 (2): 2-5.

[18] 翟国亮, 邓忠, 冯俊杰, 等. 微灌系统的堵塞与过滤防堵机理分析 [C] //第七届全国微灌大会会议论文集. 2007: 298-306.

[19] AHMED B A O, YAMAMOTO T, FUJIYAMA H, et al. Assessment of emitter discharge in microirrigation system as affected by polluted water [J]. Irrigation and Drainage Systems, 2007, 21 (2): 97-107.

［20］ MONTAZAR A, BEHBAHANI S M. Development of an optimised irriga-
tion system selection model using analytical hierarchy process ［J］. Biosys-
tems Engineering, 2007, 98 (2): 155-165.

［21］ SARKAR S, GOSWAMI S B, MALLICK S, et al. Different indices
to characterize water use pattern of micro-sprinkler irrigated onion (*Alli-
um cepa* L.) ［J］. Agricultural Water Management, 2008, 95 (5):
625-632.

［22］ 王建东, 李光永, 邱象玉, 等. 流道结构形式对滴头水力性能影响的
试验研究 ［J］. 农业工程学报, 2005, 21 (增刊): 100-103.

［23］ 魏正英. 迷宫型滴灌灌水器结构设计与快速开发技术研究 ［D］. 西
安: 西安交通大学, 2003.

［24］ 张俊. 迷宫流道灌水器水力与抗堵塞性能评价及结构优化研究
［D］. 西安: 西安交通大学, 2009.

［25］ 翟国亮, 陈刚, 冯俊杰, 等. 三级流道结构滴灌带的水力性能试验
［J］. 农业工程学报, 2006, 22 (5): 36-39.

［26］ 中华人民共和国国家质量监督检验检疫总局, 中国国家标准化管理
委员会. GB/T 19812. 1—2005 塑料节水灌溉器材单翼迷宫式滴灌带
［S］. 北京: 中国标准出版社, 2006.

［27］ 郑耀泉, 陈渠昌. 微灌均匀度参数之间的关系及其应用 ［J］. 灌溉排
水, 1994, 13 (2): 14.

［28］ 王军, 刘焕芳, 成玉彪, 等. 国内微灌用过滤器的研究与发展现状综
述 ［J］. 节水灌溉, 2003 (5): 34-35.

［29］ 苑军. 高效节水灌溉系统中过滤器的选取方法 ［J］. 内蒙古水利,
2009 (3): 72-73.

［30］ 赵红书. 微灌用石英砂滤料的过滤与反冲洗性能研究 ［D］. 北京: 中
国农业科学院研究生院, 2010.

［31］ 翟国亮, 陈刚, 赵武, 等. 微灌用石英砂滤料的过滤与反冲洗试验
［J］. 农业工程学报, 2007 (12): 46-50.

［32］ 邓忠, 翟国亮, 仵峰, 等. 微灌过滤器石英砂滤料过滤与反冲洗研究

[J]. 水资源与水工程学报, 2008 (2): 34-37.

[33] 冯俊杰, 翟国亮, 邓忠, 等. 微灌过滤器用水压驱动反冲洗阀启闭机构的力学计算 [J]. 农业机械学报, 2007 (12): 213-214.

[34] 刘飞, 刘焕芳, 宗全利, 等. 新型自清洗网式过滤器结构优化研究 [J]. 中国农村水利水电, 2010 (10): 18-21.

[35] 刘焕芳, 王军, 胡九英, 等. 微灌用网式过滤器局部水头损失的试验研究 [J]. 中国农村水利水电, 2006 (6): 57-60.

[36] 宗全利, 刘焕芳, 郑铁刚, 等. 微灌用网式新型自清洗过滤器的设计与试验研究 [J]. 灌溉排水学报, 2010 (1): 78-82.

[37] 刘飞, 刘焕芳, 郑铁刚, 等. 微灌用自吸式自动过滤器滤网内外工作压差的设置研究 [J]. 中国农村水利水电, 2010 (4): 50-53.

[38] 郑铁刚, 刘焕芳, 宗全利, 等. 微灌用自吸自动网式过滤器水头损失的试验研究 [J]. 石河子大学学报 (自然科学版), 2008 (6): 773-775.

[39] 肖新棉, 董文楚, 杨金忠, 等. 微灌用叠片式砂过滤器性能试验研究 [J]. 农业工程学报, 2005 (5): 81-84.

[40] 刘建华, 连黎明, 翟国亮. 喷灌用水力旋流器的设计与数值模拟 [J]. 过滤与分离, 2009, 19 (3): 26-29.

[41] 孙新忠. 离心筛网一体式微灌式过滤器的试验研究 [J]. 排灌机械, 2006 (3): 21-23.

[42] 徐群. 微灌系统过滤器的选型设计 [J]. 农业装备技术, 2010 (1): 48-51.

[43] 刘斌, 杨小刚. 微灌系统中过滤设备的选用和维护 [J]. 农业机械, 2004 (7): 83.

[44] 张伟, 季划. 微灌系统中过滤设备的应用 [J]. 烟台果树, 2009 (4): 50.

[45] 秦永果. 微灌过滤施肥装置应用中存在问题与对策研究 [J]. 山西水利科技, 2007 (3): 58-60.

[46] 张国祥. 对微灌过滤器筛网规格孔径比两种压降合理取值的探讨

[J]. 喷灌技术，1992（1）：31-35.

[47] 郑铁刚，刘焕芳，刘飞，等. 自清洗过滤器排污系统的水力计算
[J]. 水利水电科技进展，2010（3）：8-11.

[48] 刘焕芳，郑铁刚，刘飞，等. 自吸网式过滤器过滤时间与自清洗时间
变化规律分析 [J]. 农业机械学报，2010（7）：80-83.

[49] 景有海. 均质滤层过滤技术研究 [D]. 厦门：厦门大学，2003.

[50] 董文楚. 滴灌用砂过滤器的过滤与反冲洗性能试验研究 [J]. 水利学
报，1997（12）：7.

[51] 肖东军. 微灌的水质处理分析 [J]. 黑龙江水利科技，2007（1）：
58-59.

[52] 李俊峰，范文波，余书超，等. 一种高含砂水源微灌取水首部的设计
[J]. 中国给水排水，2006（14）：43-45.

[53] 仵峰，宰松梅，翟国亮，等. 高含沙水滴灌技术研究 [J]. 节水灌溉，
2008（12）：57-60.

[54] 中华人民共和国水利部. SL/T68—94 微灌用筛网过滤器 [S]. 北京：
中国标准出版社，1994.

[55] 中华人民共和国国家质量监督检验检疫总局，中国国家标准化管理
委员会. GB/T18690.1—2017 农业灌溉设备 微灌用过滤器 第1
部分：术语、定义和分类 [S]. 北京：中国标准出版社，2017.

[56] 中华人民共和国国家质量监督检验检疫总局，中国国家标准化管理
委员会. GB/T18690.2—2017 农业灌溉设备 微灌用过滤器 第2
部分：网式过滤器和叠片式过滤器 [S]. 北京：中国标准出版
社，2017.

[57] 中华人民共和国国家质量监督检验检疫总局，中国国家标准化管理
委员会. GB/T18690.3—2017 农业灌溉设备 微灌用过滤器 第3
部分：自动冲洗网式过滤器和叠片式过滤器 [S]. 北京：中国标准出
版社，2017.

[58] NOUBACTEP C C, et al. Enhancing sustainability of household water
filters by mixing metallic iron with porous materials [J]. Chemical Engi-

neering Journal Lausanne, 2010.

[59] CHUEN-SHII CHOU, CHEN S H. Moving granular filter bed of quartz sand with louvered - walls and flow - corrective inserts [J]. Powder Technology, 2007.

[60] YANG B, CHANG Q, CHAO H, et al. Wettability study of mineral wastewater treatment filter media [J]. Chemical Engineering & Processing Process Intensification, 2007, 46 (10): 975-981. .

[61] AL-SHAMMIRI M, AL-SAFFAR A, BOHAMAD S, et al. Waste water quality and reuse in irrigation in Kuwait using microfiltration technology in treatment [J]. Desalination, 2005, 185 (1-3): 213-225.

[62] RAVINA I, PAZ E, SOFER E, et al. Filtration requirements for emitter clogging control [C]. 5th Internation Conference on Irridation, Agritech, Tel-Aviv, Israel, 1990: 223.

[63] RAVINA I, PAZ E, SOFER Z, et al. Control of emitter clogging in drip irrigation with reclaimed wastewater [J]. Irrigation Science, 1992, 13 (3): 129-139.

[64] PEDRERO F, ALARCÓN J J. Effects of treated wastewater irrigation on lemon trees [J]. Desalination, 2009, 246 (1-3): 631-639.

[65] CAPRA A, SCICOLONE B. Emitter and filter tests for wastewater reuse by drip irrigation [J]. Agricultural Water Management, 2007, 68 (2): 135-149.

[66] LEUPIN O X, HUG S J. Oxidation and removal of arsenic (Ⅲ) from aerated groundwater by filtration through sand and zero - valent iron [J]. Water Research, 2005, 39 (9): 1729-1740.

[67] 薛英文, 杨开, 李白红, 等. 中水微灌系统生物堵塞特性探讨 [J]. 中国农村水利水电, 2007 (7): 36-39.

[68] 许翠平, 刘洪禄, 张书函, 等. 微灌系统堵塞的原因与防治措施探讨 [J]. 中国农村水利水电, 2002 (1): 40-42.

[69] 水利部国际合作司, 等, 编译. 美国国家灌溉工程手册 [M]. 北京:

中国水利水电出版社，1998.

[70] 郑铁刚，刘焕芳，宗全利. 微灌用过滤器过滤性能分析及应用选型研究 [J]. 水资源与水工程学报，2008（4）：37-45.

[71] 董文楚. 微灌用过滤砂料选择与参数测定 [J]. 喷灌技术，1995（2）：42-46.

[72] 董文楚. 微灌用网过滤器与砂过滤器综述 [J]. 喷灌技术，1992（1）：26-30.

[73] 翟国亮，陈刚，赵红书，等. 微灌用均质砂滤料过滤粉煤灰水时对颗粒质量分数与浊度的影响 [J]. 农业工程学报，2010，26（12）：13-18.

[74] 翟国亮，冯俊杰，邓忠，等. 微灌用砂过滤器反冲洗参数试验，[J]. 水资源与水工程学报，2007，18（1）：24-28.

[75] VEZA J M, RODRIGUEZ-GONZALEZ J J. Second use for old reverse osmosis membranes: wastewater treatment [J]. Desalination, 2003, 157 (1): 65-72.

[76] PAYATAKES A C, CHI T, TURIAN R M. Trajectory calculation of particle deposition in deep bed filtration. II: Case study of the effect of the dimensionless groups and comparison with experimental data [J]. AIChE Journal, 1974, 20 (5): 900-905.

[77] IVES K J. Deep bed filtration: theory and practise [J]. Filtration and Separation, 1980.

[78] ISRAELACHVILI J N. Adhesion forces between surfaces in liquids and condensable vapours [J]. Surface Science Reports, 1992, 14 (3): 109-159.

[79] JEGATHEESAN V, VIGNESWARAN S. Transient stage deposition of submicron particles in deep bed filtration under unfavorable conditions [J]. Water Research, 2000, 34 (7): 2119-2131.

[80] BROECKMANN A, BUSCH J, WINTGENS T, et al. Modeling of pore blocking and cake layer formation in membrane filtration for

wastewater treatment [J]. Desalination, 2006, 189 (1-3): 97-109.

[81] MEIER J, KLEIN G M, KOTTKE V. Crossflow filtration as a new method of wet classification of ultrafine particles [J]. Separation & Purification Technology, 2002, 26 (1): 43-50.

[82] GA. D, JIA X. Simulation of the structure and filtration performance of granular porous membranes [J]. Journal of Membrane Science, 1995, 106 (1-2): 67-87.

[83] MCCARTHY A A, WALSH P K, FOLEY G. Experimental techniques for quantifying the cake mass, the cake and membrane resistances and the specific cake resistance during crossflow filtration of microbial suspensions [J]. Journal of Membrane Science, 2002, 201 (1-2): 31-45.

[84] 景有海. 均质滤料过滤过程的数学模型 [D]. 上海: 同济大学, 2000.

[85] 张建锋, 王晓昌, 金同规. 均质滤料过滤阻力数学模型 [J]. 环境科学学报, 2003, 23 (2): 246-251.

[86] 杨长生. 不同均质滤料直接过滤性能试验研究 [D]. 西安: 西安建筑科技大学, 2001.

[87] 杨长生. 不同粒径的均质石英砂过滤性能研究 [J]. 成都航空职业技术学院学报, 2008 (4): 47-49.

[88] 郭瑾珑, 王毅力, 刘瑞霞, 等. 均质滤料过滤截污模型研究 [J]. 环境科学学报, 2002, 22 (4): 417-422.

[89] 李亚峰, 庞晶晶, 孟繁丽. 均粒石英砂滤料过滤效果的生产性试验与应用 [J]. 沈阳建筑大学学报 (自然科学版), 2007 (4): 635-638.

[90] 李烜. 腐殖酸对石英砂滤料表面吸附性能影响研究 [D]. 哈尔滨: 哈尔滨工业大学, 2007.

[91] 郭梅修. 粗石英砂滤料上向流过滤机理与应用研究 [D]. 长沙: 湖南大学, 2002.

[92] 赵欢, 王世和, 周飞, 等. 长纤维过滤与石英砂过滤的性能对比试验 [J]. 东南大学学报 (自然科学版), 2006 (1): 139-142.

[93] 赵欢. 长纤维过滤与石英砂过滤的性能对比研究 [D]. 南京: 东南大

学，2006.

[94] 莫德清，肖文香，陈波. 改性石英砂的吸附过滤性能 [J]. 桂林工学院学报，2007 (3)：379-381.

[95] SILVA C M, REEVE D W, Husain H, et al. Model for flux prediction in high-shear microfiltration systems [J]. Journal of Membrane Science, 2000, 173 (1)：87-98.

[96] ZHANG H, ZHAO H, LIU P, et al. Direct growth of hierarchically structured titanate nanotube filtration membrane for removal of waterborne pathogens [J]. Journal of Membrane Science, 2009, 343 (1-2)：212-218.

[97] 景有海，金同规，范瑾初. 均质滤料过滤过程的毛细管去除浊质模型 [J]. 中国给水排水，2000, 16 (6)：1-4.

[98] 阳波，段吉安，郑煜. 石料加工过程中颗粒粒性表示方法与计算 [J]. 计算机工程与应用，2009, 45 (10)：202-203.

[99] 吴继敏. 应用图像分析法评价花岗岩结构特征 [J]. 河海大学学报，1998, 26 (4)：1-7.

[100] 朱继承，李涛，樊蓉蓉，等. ZA-5 氨合成催化剂形状系数的测定与应用 [J]. 华东理工大学学报，2001, 27 (6)：697-700.

[101] ANNANDALE J G, JOVANOVIC N Z, CAMPBELL G S, et al. A two-dimensional water balance model for micro-irrigated hedgerow tree crops [J]. Irrigation Science, 2003, 22 (3-4)：157-170.

[102] PEREIRA L L S. Pressure-driven modeling for performance analysis of irrigation systems operating on demand [J]. Agricultural Water Management, 2007.

[103] 张胜军，翟国亮，魏研娇，等. 单翼迷宫式滴灌带抗堵塞性能试验装置的技术改进 [J]. 节水灌溉，2009 (12)：32-33.

[104] 田军仓. 高含沙水微灌非全流过滤方法及装置研究 [J]. 武汉水利水电大学学报，1997, 30 (5)：6-10.

[105] 韩丙芳，田军仓. 微灌用高含沙水处理技术研究综述 [J]. 宁夏农学

院学报，2001（2）：64-69.

[106] 赵红书，翟国亮，冯俊杰，等. 不同过滤方式下沉积在滴灌带中的颗粒粒度分布研究 [J]. 节水灌溉，2010（2）：17-23.

[107] JEZNACH J. Reliability of drip irrigation systems under different operation conditions in Poland [J]. Agricultural Water Management，1998，35（3）：261-267.

[108] BARRAGAN J, WU I P. Simple pressure parameters for micro-irrigation design [J]. Biosystems engineering，2005，90（4）：463-475.

[109] BARRAGAN J, COTS L, MONSERRAT J, et al. Water distribution uniformity and scheduling in micro-irrigation systems for water saving and environmental protection [J]. Biosystems engineering，2010，107（3）：202-211.

[110] BARRAGAN J, BRALTS V, WU I P. Assessment of emission uniformity for micro - irrigation design [J]. Biosystems Engineering，2006，93（1）：89-97.

[111] 牛文全，吴普特，范兴科. 微灌系统综合流量偏差率的计算方法 [J]. 农业工程学报，2004（6）：85-88.

[112] QUIÑONES - BOLAÑOS E, ZHOU H, SOUNDARARAJAN R, et al. Water and solute transport in pervaporation hydrophilic membranes to reclaim contaminated water for micro-irrigation [J]. Journal of Membrane Science，2005，252（1-2）：19-28.

[113] 翟国亮，王晖，向华安，等. 使用补偿式灌水器的微灌系统灌水均匀度参数研究 [J]. 武汉工业大学出版社，1998：494-497.

[114] 翟国亮，陈刚，，鞠花，等. 全补偿微灌系统灌水均匀度参数之间的关系分析 [J]. 农业工程学报，2007，23（6）：61-65.

[115] 马逢时，何良材，余明书，等. 应用概率统计 [M]. 北京：高等教育出版社，1989.

[116] 水利部农田灌溉研究所. SL 103—95 微灌工程技术规范 [S]. 北京：水利电力出版社，1995.

[117] BUCKS D A, NAKAYAMA F S, GILBERT R G. Trickle irrigation water quality and preventive maintenance [J]. Agricultural Water Management, 1979, 2 (2): 149-162.

[118] GILBERT R G, NAKAYAMA F S, BUCKS D A, et al. Trickle irrigation: emitter clogging and other flow problems [J]. Agricultural Water Management, 1981, 3 (3): 159-178.

[119] 中华人民共和国农业部. GB 5084—2005 农田灌溉水质标准 [S]. 北京: 中国标准出版社, 2006.

[120] 唐朝春, 李代云, 喻恒, 等. 单层砂滤料截污分布与反冲洗效果研究 [J]. 水处理技术, 2006 (5): 33-35.

[121] 安虎平, 赵海阔, 陈永志. 过滤反冲洗水沉降特性的测定与研究 [J]. 大众科技, 2009 (1): 96-98.

[122] 徐茂云. 微灌系统过滤器性能的试验研究 [J]. 水利学报, 1995 (11): 84-88.

[123] PARK J Y, CHOI S J, PARK B R. Effect of N2-back-flushing in multichannels ceramic microfiltration system for paper wastewater treatment [J]. Desalination, 2007, 202 (1-3): 207-214.

[124] DI PALMA L, FERRANTELLI P, MEDICI F. Heavy metals extraction from contaminated soil: Recovery of the flushing solution [J]. Journal of Environmental Management, 2005, 77 (3): 205-211.

[125] MARCH J G, GUAL M, OROZCO F. Experiences on greywater re-use for toilet flushing in a hotel (Mallorca Island, Spain) [J]. Desalination, 2004, 164 (3): 241-247.

[126] 王立平, 金同规, 金伟如, 等. 石英砂均质滤料气水反冲洗强度数学模型的建立 [J]. 给水排水, 2002, 26 (1): 26-28.

[127] 景有海, 金同规, 范瑾初. 均质滤料过滤过程的水头损失计算模型 [J]. 中国给水排水, 2000, 16 (2): 9-12.

[128] 董文楚. 微灌用砂过滤器堵塞与反冲洗效果研究 [J]. 武汉水电大学学报, 1996 (6): 30-34.

[129] 周慧芳，童帧恭，唐朝春，等. 单层滤料直接过滤截污特征与反冲洗效果试验 [J]. 南方冶金学院学报，2005，26（1）：43-46.

[130] 李国会，宋存义. 水淬渣—石英砂双层滤料反冲洗试验研究 [J]. 环境技术，2006（2）：7-9.

[131] J. 贝尔. 多孔介质流体动力学 [M]. 李竞生，陈崇希，译. 北京：中国建筑出版社，1983.

[132] 朱仁庆，杨松林，杨大明. 实验流体力学 [M]. 北京：国防工业出版社，2005.

[133] 金同轨，陈保平. 黄河高浊度水聚丙烯酰胺投量确定及沉泥浓度影响因素 [J]. 给水排水，1989（1）：12-16.

[134] 赵红书. 微灌用石英砂滤料的过滤与反冲洗性能研究 [D]. 北京：中国农业科学院研究生院，2010.

[135] 高允彦. 正交及回归设计方法 [M]. 北京：冶金工业出版社，1988.

[136] 汤宇飞. 多孔介质通道内两相流动特性研究 [D]. 哈尔滨：哈尔滨工程大学，2011.

[137] 王瑞金，等. Fluent 技术基础与应用实例 [M]. 北京：清华大学出版社，2007.

[138] 马坤. 多孔介质中湍流流动的数值模拟 [D]. 大连：大连理工大学，2009.

[139] 袁旭安. 常规过滤工艺优化研究 [D]. 长沙：湖南大学，2003.

[140] 翟国亮. 微灌系统的堵塞与砂过滤器参数试验研究 [D]. 西安：西安理工大学，2011.

[141] 唐家鹏. Fluent 14.0 超级学习手册 [M]. 北京：人民邮电出版社，2013.

[142] 李振鹏. 球床多孔介质通道单相流体流动特性研究 [D]. 哈尔滨：哈尔滨工程大学，2009.

[143] 刘伟，等. 多孔介质传热传质理论与应用 [M]. 北京：科学出版社，2006.

[144] 赵红书. 微灌用石英砂滤料的过滤与反冲洗性能研究 [D]. 北京：

中国农业科学院研究生院，2010.

［145］ 李亨，等. 论多孔介质中流体流动问题的数值模拟方法［J］. 石油大学学报（自然科学版），2000（5）：111-116.

［146］ 王福军. 计算流体力学分析——CFD 软件原理与应用［M］. 北京：清华大学出版，2004.

［147］ 李伟等. 基于 CFD 的滤材仿真参数研究［J］. 汽车零部件，2011（10）：85-87.

［148］ 徐玲君. 掺气水流中气泡的动力学特性数值模拟与图像测量［D］. 西安：西安理工大学，2012.

［149］ 李勇. 基于固液两相紊流理论的近岸悬移质泥沙运动数值研究［D］. 北京：清华大学，2007.

［150］ 陈次昌，等. 低比转速离心泵叶轮内固液两相流的数值分析［J］. 排灌机械，2006（6）：1-3.

［151］ 刘旭晓. KDF 滤料处理重金属离子废水的研究及流化床流场的 CFD 模拟［D］. 天津：天津大学，2006.

［152］ 朱红钧. Fluent 流体分析及仿真实用教程［M］. 北京：人民邮电出版社，2010.

［153］ 江帆. Fluent 高级应用与实例分析［M］. 北京：清华大学出版社，2008.

［154］ 刘新阳，等. 滴灌用水力旋流器中颗粒分离的数值模拟［J］. 农业工程学报，2010（2）：7-11.

［155］ CHIEM K S, ZHAO Y. Numerical study of steady/unsteady flow and heat transfer in porous media using a characteristics－based matrix－free implicit fv method on unstructured grids［J］. International Journal of Heat and Fluid Flow, 2004, 25 (6): 1015-1033.

［156］ WISSINK J G. Dns of separating, low reynolds number flow in a turbine cascade with incoming wakes［J］. International Journal of Heat and Fluid Flow, 2003, 24 (4): 626-635.

［157］ MICHELASSI V, WISSINK J G, RODI W. Direct numerical simulation, large eddy simulation and unsteady Reynolds – averaged Navier – Stokes simulations of periodic unsteady flow in a low-pressure turbine cascade: A comparison [J]. Proceedings of the I Mech E Part A Jounral of Power & Energy, 2003, 217 (4): 403-411.

[158] VINCENT S, CALTAGIRONE J P, LUBIN P, et al. Local mesh refinement and penalty methods dedicated to the direct numerical simulation of incompressible multiphase flows [C] //Fluids Engineering Division Summer Meeting. 2003, 36975: 1299-1306.